现代测绘理论与技术丛书

空间数据不一致性探测处理理论与方法

Theory and Methodology of Spatial Data Inconsistency Detecting and Processing

赵彬彬 著

U0311867

测绘出版社

·北京·

内容简介

　　一致性是衡量空间数据质量的重要指标之一,本书对空间数据不一致性的描述与表达、探测与处理方法等进行了系统研究。具体内容涉及空间数据不一致性探测处理的理论基础,空间数据的层次表达和索引,多尺度地图空间的目标匹配方法、数据相似性度量和变化探测,多尺度地图数据不一致性的分类、描述、探测与处理等。阐述过程融理论与方法于一体,各章均先进行相关理论的阐述,再辅以相关方法的实践应用。

　　本书可供测绘与地理信息科学、遥感科学与技术、测量工程及相关专业的学术型研究生等参考阅读。

图书在版编目(CIP)数据

　　空间数据不一致性探测处理理论与方法/赵彬彬著．—北京:测绘出版社,2020.5
　　(现代测绘理论与技术丛书)
　　ISBN 978-7-5030-4285-0

　　Ⅰ．①空…　Ⅱ．①赵…　Ⅲ．①空间信息系统-数据处理-研究　Ⅳ．①P208

　　中国版本图书馆 CIP 数据核字(2019)第 259884 号

责任编辑	雷秀丽	封面设计	李伟	责任校对	赵瑗	责任印制	吴芸

出版发行	测绘出版社	电　话	010—83543965(发行部)	
地　址	北京市西城区三里河路 50 号		010—68531609(门市部)	
邮政编码	100045		010—68531363(编辑部)	
电子信箱	smp@sinomaps.com	网　址	www.chinasmp.com	
印　刷	北京建筑工业印刷厂	经　销	新华书店	
成品规格	169mm×239mm			
印　张	12.75	字　数	248 千字	
版　次	2020 年 5 月第 1 版	印　次	2020 年 5 月第 1 次印刷	
印　数	001—600	定　价	64.00 元	

书　号	ISBN 978-7-5030-4285-0

本书如有印装质量问题,请与我社门市部联系调换。

前　言

近年来,随着国内地理信息产业的蓬勃发展,地理信息系统(geographic information system,GIS)、移动互联网等高新技术企业对空间数据应用人才的需求不断增长。理工类院校测绘工程、地理信息科学等专业的本科、研究生等不同层次读者在学习空间数据不一致性的探测与处理的过程中,需要更加强调在相关理论方法的指导下,加强对空间数据的高效组织与管理及一致性维护和应用等的实践。为此,笔者撰写了本书,旨在推出一本理论方法与技术实践并重、注重"空间数据一致性维护"的实践性著作,以供地理信息科学领域相关专业师生和研究人员参考。

空间数据是地理信息系统构成要素之中最基础的部分,也是 GIS 项目中最昂贵的构成部分。没有数据支撑的 GIS 应用犹如"无源之水,无本之木",可见数据在地理信息系统及其应用中的重要地位。随着地理信息学科的发展重心由空间数据的生产、存储转向综合地理信息应用服务,作为评价空间数据质量的基本指标之一,地图数据的不一致性问题已成为国际地理信息科学领域高度关注的一个基础研究课题。生产实践中,协调一致的高质量空间数据直接决定了空间查询、空间分析结果的准确性和可用性。

本书融理论方法与实践于一体,从空间数据的层次表达、索引构建等入手,详细阐述了多尺度地图空间数据高效组织与管理的相关理论和方法,进而探讨多尺度地图空间数据维护、更新过程中的目标匹配和变化探测等关键技术,讨论了空间数据更新、制图综合等生产应用中多尺度地图空间目标之间不一致性探测和处理的理论与方法。本书不局限于相同(或相近)比例尺空间数据,不满足于空间数据库更新应用,运用了层次理论、城市形态学原理、同化思想及 Morphing 变换等先进技术作为手段,深入浅出地论述了多尺度空间数据不一致性探测和处理的相关技术,可操作性强,既适合高校相关专业教学和学术科研之用,也适合地理信息产业领域内相关技术人员参考之用。

本书相关科研项目得到了国家自然科学基金青年项目(41301404)、湖南省自然科学基金青年项目(14JJ3083)的资助,并得到了长沙理工大学在出版上的支持,特此感谢!

　　一致性是衡量空间数据质量的重要指标之一,无论是空间数据不一致性的描述与表达,还是探测和处理方法,均有待进一步深入研究。尽管本书的编写用了两年多的时间,但限于笔者的水平,不妥之处在所难免,敬请广大读者批评指正。

目　录

Contents

第1章 绪 论

众所周知,空间数据是地理信息系统(geographical information system,GIS)构成中最基础的部分,同时也是 GIS 项目中最昂贵的构成部分,通常占系统建设总成本的 50%~80%。目前,世界各国(特别是欧美发达国家)都纷纷建立了多种比例尺地图数据库。我国经过多年不懈的努力,也已在基础地理数据库建设方面取得了丰硕成果,并且相继建成了全国 1∶100 万和 1∶25 万地形数据库,1∶50 000 基础数据库的建设也已于 2005 年前后全部完成(陈军,2002);各省(区、市)1∶10 000 数据库和 1∶5 000、1∶2 000、1∶1 000、1∶500 基础地理信息数据库的建设也如火如荼,不少省份的 1∶10 000 地形基础数据库取得了令人鼓舞的进展,一些大中城市(尤其是沿海发达地区)甚至建立了大比例尺(1∶500、1∶2 000)基础地理数据库。这些大、中、小比例尺地图数据库的建成几乎覆盖了所有常用地图数据比例尺范围,为国民经济建设提供了详尽的基础地理信息和有力的空间数据保障。但是,长期保持强劲发展势头的经济建设促进了城市快速扩张,使得各类地形要素的变化日新月异,导致基础测绘产品与空间实体现状之间不符的矛盾日益突出。广义地讲,这种不符即地图数据与现实世界的不一致。地图数据的不一致性(包括地图数据与地图数据之间的不一致性和地图数据与现实世界之间的不一致性)问题属于空间数据质量研究范畴,在具体的生产实践中,空间数据质量直接决定空间查询、空间分析结果的准确性和可用性(赵彬彬,2015;赵彬彬 等,2016b)。长期以来,由不一致性导致的数据质量问题一直是令空间数据生产单位、应用部门和企业头疼的问题。因此,对空间数据质量相关问题的研究便成为地理空间数据标准化工作的重要组成内容,并已成为国际地理信息科学领域高度关注的一个基础研究课题(Kainz,1995;Servigne et al,2000;Rodríguez,2005)。

§1.1 空间数据不一致性

数据质量是衡量信息系统的关键指标之一。目前公认,空间数据质量包括五个基本特征,即误差(error)、准确度(accuracy)、精度(precision)、完整性(completeness)和一致性(consistency)。空间数据的一致性是衡量数据库内部有效性的标准,也是国际公认的空间数据质量评价关键指标,常用来评估一个或多个地理空间数据集中信息的一致化程度。空间数据不一致性指在空间数据对象之间存在的明显矛盾或冲突(Egenhofer et al,1993)。长期以来,GIS 数据质量的研究重点集中在位置和属性精度方面,而轻视了地理空间数据不一致性问题,特别是对多尺度地图数据不一致性问题鲜有研究,成果也是凤毛麟角(简灿良 等,2013)。随着地理空间数据查询、空间分析应用的深入,复合型空间决策等生产实践对多种尺度地图数据协同工作需求也随之增加,这使得空间数据不一致性检测、处理与评价的重要性日益显现,已成为一个亟待解决的重要的科学和技术问题。

1.1.1　不一致性研究内容

1995 年,国际空间数据质量会议正式提出将一致性作为空间数据质量特征之一,这标志着空间数据不一致性问题已成为国际地理信息科学领域的一个基础研究课题。如表 1.1 所示,当前具有代表性的空间数据不一致性相关研究特点主要包括以下四方面:①研究方向主要涉及地理空间数据不一致性特征分析、表达、分类、度量、探测、处理及评价等方面;②空间数据不一致性的研究对象包括点、线和面三种基本类型的空间目标,其中尤以线目标为主(赵彬彬 等,2016a);③空间数据尺度范围侧重于相同或相近比例尺,空间维度方面以二维为主,近年来,随着制图综合技术的发展、推广及地理信息服务的深化应用,研究尺度逐渐拓展到多尺度空间数据;④所采用的工具和方法囊括了空间关系理论及模型[如四交模型(4-intersection model)、九交模型(9-intersection model)和距离模型等]、空间划分[如德洛奈(Delaunay)三角网、结构领域图等]、相似性度量(如匹配法、对比法和几何接近度等)、分解法(如拆分法、化简法等)和修正法(如平差法、标准化法、移位法和连续变形变换等)等技术。

1.1.2　不一致性研究进展

国外学者对空间数据不一致性问题的研究起步较早,可以追溯至 20 世纪 90 年代初。随着空间数据模型、制图综合及空间数据多重表达等相关研究的深入,学者们逐渐意识到空间目标在不同表达下几何特征、属性特征、拓扑关系特征及语义特征等保持一致的重要性。随后的 20 来年,地理空间数据不一致性问题吸引了国际制图学界和计算机科学领域众多学者的关注,其涵盖范围也逐步拓展至空间数据不一致性相关研究的各个方面。下面从不一致性特征分析、表达、度量、探测、处理及评价等方面详细回顾空间数据不一致性的研究概况。

在空间数据不一致性特征分析、类别划分和表达方面,Egenhofer 等(1993)顾及拓扑一致性约束,从多尺度表达的角度探讨了多个目标之间空间关系的一致性建模,并且利用定性空间推理的方法研究拓扑关系信息的不一致性。拓扑不一致性是最早被研究的一类不一致性问题。随后,其又指出,一致性与正确性不同,一致性即与客观世界不产生逻辑矛盾,存在不一致性的数据集必然违反某些一致性约束,并严重影响信息系统的稳定性和可靠性,这也被视为不一致性定义的雏形。

国内学者也从不一致性的来源、结构特征及对象匹配等不同角度对空间数据间不一致性类型进行了深入研究。例如，艾廷华等（2000）将两个邻近多边形共享边界的不一致性分为相离型、相交型和交织型三类；郇伦等（2002）提出了分布式空间数据库集成中空间数据分片冲突的分类框架，将不一致性分为六种类型，即几何不一致、边界不一致、语义不一致、数据表达不一致、投影不一致和比例尺不一致，可以认为这是对空间数据不一致性分类的细化。

在空间数据不一致性度量和探测方面，针对地理空间数据的多重表达特性，Egenhofer 等（1994）基于九交模型提出了多重表达中空间目标几何结构及空间目标之间拓扑关系不一致性度量准则。Liu 等（2000）针对欧氏空间约束的不一致性检查问题，提出了维度图表达法以保持对象间的欧氏空间约束，其基本思想是通过将空间约束投影到 X 维和 Y 维并分别构建维度图，从而将不一致性检查问题转化为图形循环的检测问题，该方法适用于二维空间点、线和多边形的不一致性检查。而国内学者则较多地关注道路、河流、等高线等常见线状目标之间的冲突度量与探测。例如，基于空间关系理论利用空间关系约束、形状指数、面积、几何相似度等参数的计算来探测河流与等高线及道路目标之间的拓扑冲突（詹陈胜 等，2011）。针对制图综合过程中的不一致性问题，Kang 等（2005）为了探测制图综合过程中的"Collapse"操作引起的拓扑不一致性，按拓扑属性进行严密分类建立了一套分类规则，提出了基于分类规则的"Collapse"操作引起的不一致性的评价和探测方法。Chen 等（2007）针对地图更新中河流"爬坡"的冲突问题，提出了基于拓扑、方向和度量关系的集成空间关系模型拓扑链，精细地描述线/线目标空间关系，用于探测河流与等高线之间的不一致性问题。Brisaboa 等（2014）利用数据集中目标之间的拓扑不变性定义了一组完整性约束，进而基于约束来度量数据集中每一个点、线和面目标与拓扑约束之间的冲突程度，即不一致性程度。

在空间数据不一致性处理方面，以拓扑关系、语义、目标几何构成及拓扑结构约束关系为基础的研究成果颇为丰富（Ubeda et al,1997）。对于道路、等高线、边界等线目标之间的不一致性处理，其思想大致以两类为主。第一类，从平差角度对不一致性进行处理。例如，基于德洛奈（Delaunay）三角网模型及其骨架线对边界不一致局部区域进行探测处理（艾廷华 等，2000）或同名点捕捉算法清理拓扑不一致性（刘文宝 等，2001）。第二类，以化简的方式，将线目标不一致性问题转化成对其子集或节点相关问题的处理。例如，通过投影法标准化（邓敏 等，2005）、约束德洛奈三角剖分拆分等高线（张传明 等，2007）、等高线树、Strip 树（赵东保 等，2008）及空间拓扑规则机制（任艳 等，2007）等分别进行相同比例尺线目标、等高线拓扑冲突等的处理。随着制图综合技术的进步和推广应用，针对制图综合派生中的不一致性问题，也出现了一些新的技术和方法。例如，赵彬彬等（2016b）基于同化思想并兼顾综合前后的空间目标特征，利用连续变形技术进行线目标之间不一致性的处理;同时,顾及拓扑、距离等空间关系约束,通过降维将面目标之间的不一致性转化为线目标之间的不一致性,运用 Morphing 技术解决了制图综合中某些悬而未决的拓扑冲突问题(赵彬彬 等,2016a)。

在空间数据不一致性评价方面,针对异构地理数据、多重表达及多分辨率空间数据等之间的不一致性问题,Tryfona 等(1997)发展了一个系统模型用于评价异构地理数据库中不同物理分布、表达同一地理实体的空间数据之间的一致性。Du 等(2008)运用"Merging"和"Dropping"两种制图综合算子对宽边界复杂面目标进行综合,由生成的不同比例尺复杂面目标结构邻域建立复杂面目标之间的对应关系来评价结构不一致性,并通过分析复杂面目标对中两个面目标之间的拓扑关系来评价拓扑不一致性,该方法也可用于评价不同比例尺地图复杂面目标的不一致性;同时发展了不同分辨率空间对象之间方向关系的计算方法,用于计算和评价多分辨率空间数据中较低分辨率空间对象之间的方向关系及其一致性(Du et al,2010)。Sheeren 等(2009)基于知识来源于数据的认知,将空间数据不一致性探测视为知识获取问题,据此提出了一种基于知识的多重表达数据之间不一致性半自动评价方法。该方法利用数据挖掘技术直接或间接地从数据中获取知识,通过对获取的领域知识的参数化,进而评价数据不一致性。翟仁健(2011)在对多尺度地图目标的匹配过程中,基于全局一致性思想对道路的拓扑结构特征一致性和居民地的邻近、方向一致性进行评价。Corcoran 等(2011)在对每种矢量地图简化技术的优缺点、约束及相互之间的联系进行分析的基础上,将所有拓扑关系归为平面拓扑关系和非平面拓扑关系两类,进而基于地图连续简化过程中对应对象间保持相似性的假设,通过综合各种简化技术的优点,提出了附约束条件较少的拓扑一致性数学分析评价策略,其对比实验结果证明了该策略的有效性。

表 1.1　已有不一致性研究主要成果

学者	不一致性研究内容						目标类型			主要工具/方法	主要应用
	特征	表达	分类	度量	探测	处理	评价	点	线	面		
Egenhofer,Sharma		√					√			√	空间推理	拓扑不一致
Egenhofer,Clementini	√			√			√			√	四交模型	多重表达
Ubeda,Egenhofer	√	√				√		√	√	√	九交模型	拓扑不一致性
Servigne,Ubeda,Puricelli,et al			√		√		√	√	√	√	九交模型	单个数据库
Winter		√									统计法	数据比较、匹配
Gong,Mu			√		√			√				空间数据错误检查
Sheeren,Mustiere,Zucker	√										规范方法	多重表达

续表

学者	不一致性研究内容							目标类型			主要工具/方法	主要应用
	特征	表达	分类	度量	探测	处理	评价	点	线	面		
艾廷华,毋河海			√			√			√	√	Delaunay三角网	相邻多边形公共边界调整
陈佳丽,易宝林,任艳			√			√					对象匹配	多重表达
王育红			√									数据集成
Liu,Shekhar,Chawla					√			√	√	√	维度图表达法	一致性检查
Chen,Liu,Li,et al	√				√	√			√		拓扑模型	空间数据更新
刘万增,陈军,邓喀中,等				√	√				√		四交模型	空间冲突检测
鲁伟,谢顺平,邓敏,等	√	√		√		√			√		几何接近度	
宋振					√				√			空间冲突检测
张求喜,岳淑英,胡克新				√					√			一致性检查
王强,曹辉					√				√		向量变换法	空间冲突检测
詹陈胜,武芳,翟仁健	√				√		√		√			地图综合
Ghawana					√		√				对比法	商业软件评价
Zhu,Li,Gong				√		√						地理信息共享
唐远彬,张丰,刘仁义,等						√					平差法	土地利用变更
刘文宝,夏宗国,崔先国						√	√	√	√		同名点捕捉	
Deng,Chen,Liu,et al				√		√					建模法	误差传播分析
邓敏,刘文宝,冯学智				√		√					标准化法	数据集成
张传明,潘懋,吴焕萍,等						√					等高线拆分法	等高线化简
赵东保,盛业华						√					化简算法	等高线化简
Maras,Maras,Aktug,et al				√	√				√		可视化法	拓扑错误纠正
Huh,Yu,Heo						√					匹配法	地图融合
任艳,易宝林,陈佳丽											统计分析法	一致性维护
Tryfona,Egenhofer							√			√	四交模型	异构数据库融合
Du,Qin,Wang							√			√	结构邻域图	多分辨率数据
Sheeren,Mustiere,Zucker					√						数据挖掘	多重表达
翟仁健							√		√	√	目标匹配	数据匹配
Corcoran,Mooney,Winstanley							√					地图简化
Du,Guo,Wang					√						模型法	多分辨率数据
赵彬彬,邓敏,彭东亮,等						√	√	√	√		极优对应法	制图综合
赵彬彬,彭东亮,张山山,等					√	√			√	√	Morphing变换	制图综合

1.1.3　不一致性的分类

对于空间数据不一致性的类别,已有许多学者进行了较为深入的探讨,分类依据多种多样,分类成果丰富多彩:①从空间数据分析处理的角度进行的分类,例如,由地图数据更新时不同现势性的河流和等高线的空间位置冲突所产生的"拓扑不一致性"(Chen et al,2007);②从空间数据集错误来源的视角进行的分类,例如,将地理信息系统中导致空间数据不一致的错误归纳为位置错误、时间错误、属性错误及逻辑错误四种(Gong et al,2000);③以不一致性结构特征进行的分类,例如,将两个相邻多边形共享边界的不一致分为相交型、相离型和交织型(艾廷华 等,2000);④从较为抽象、概括(或具体、详细)的层次进行的分类,例如,从空间对象匹配的角度将空间数据不一致性分为拓扑关系不一致性、度量关系不一致性、方位关系不一致性及属性特征不一致性(陈佳丽 等,2007)。由此可见,目前对空间数据不一致性的分类存在着较为突出的问题:①分类立场和依据多种多样,缺乏统一性;②分类深度层次各异等。事实上,多尺度地图数据之间的不一致性问题更多地体现在不一致性与地图比例尺之间的关系上,特别是在制图综合过程中尤为直观。随着地图比例尺由大比例尺到中比例尺再到小比例尺逐渐变化,地图数据中空间目标之间的关系、属性等特征会随着地图比例尺的变换相应地发生一系列的变化,这些变换引起不同比例尺地图数据之间的差异,既包括随比例尺变换而发生的正常变化(允许变化),也包含了非正常的变化(不一致性)。为此,笔者结合已有研究成果,从空间数据的几何、拓扑和语义特征出发,将空间数据不一致性归纳为五类:几何不一致性、拓扑不一致性、距离不一致性、方向不一致性及语义不一致性。

§1.2　空间数据不一致性探测处理应用

一致性是检验空间数据质量的关键指标之一。不一致性的存在极大地降低了空间数据可用性,直接影响空间数据集成应用。不一致性问题通常出现于多源、多尺度空间数据集成、更新和制图综合等过程中,一般反映为空间目标之间的明显矛盾或冲突。下面主要从空间数据集成、更新与制图综合两个方面来阐述不一致性探测处理理论在地理信息空间数据管理与组织中的应用。

1.2.1　不一致性与空间数据集成更新

随着我国空间数据获取手段和存储技术的快速发展,空间数据的量级增长迅猛,我国在数字中国地理空间框架建设和推进地理信息资源开发利用等方面取得了一系列可喜的成就。继建立我国 1：100 万、1：50 万、1：25 万地图数据库、1：50 000 数字高程模型数据库、各种比例尺的海洋测绘数据库、五大江湖1：10 000 数字高程模型数据库等之后,又建成了我国 1：50 000 基础框架数据

库、1∶300 万中国及其周边地图数据库、1∶500 万世界地图数据库、数字正射影像
数据库,各地区 1∶10 000 数据库和 1∶5 000、1∶2 000、1∶1 000 及 1∶500 基础
地理信息数据库也在建设之中。伴随而来的是我国地理信息学科的发展重心从空
间数据生产、存储转向综合地理信息服务(赵彬彬,2011),基础地理空间数据库的
现势性及持续更新问题日渐突出(应申 等,2009)。国际地理信息界推崇利用现势
性强的较大比例尺地图更新现势性弱的较小比例尺地图的模式(Chen et al,2007;
Ai et al,2014),实际上,基础地理空间数据库的定期更新早已成为国家及各省级
测绘地理信息部门的日常工作。空间数据不一致性探测和处理是地图数据更新维
护工作中至关重要的一环,它直接影响并决定空间数据的可用性和协调性。Chen
等(2007)深入探讨了基本比例尺地形图更新过程中河流与等高线之间的不一致性
(图 1.1),通过现实世界的自然规律提炼河流与等高线间的不一致性判定规则,运
用集成了拓扑、方向和距离关系的拓扑链来精细地描述河流与等高线之间的空间
关系,构建了空间关系的计算模型,继而实现河流与等高线之间不一致性的自动探
测。Ai 等(2014)根据河网分布受限于等高线地形特征的约束,基于等高线的几何
表达提取结构化的地形特征,依据河流与谷底线的分布关联等空间知识建立河流
与等高线间的匹配关系,再利用距离指标度量河流与等高线之间的差异并探测其
间的不一致性,进而通过河流调整、等高线调整及河流等高线同步调整等方法处理
地形数据集成中河网与等高线之间的不一致性。

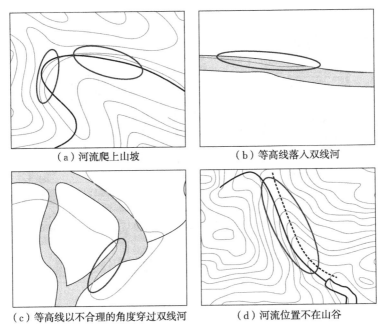

(a)河流爬上山坡　　　　　　　　　(b)等高线落入双线河

(c)等高线以不合理的角度穿过双线河　　　(d)河流位置不在山谷

图 1.1　河流与等高线之间的拓扑不一致性

1.2.2　不一致性与制图综合

目前,空间数据的多尺度表达与自动综合仍然是国际学术界公认的难题,其核心问题是自动综合的正确程度完全取决于功能模拟模型和输入数据是否客观、正确地反映人脑思维系统。可喜的是,近年来,我国学者在解决自动综合的许多难题方面做了大量卓有成效的工作,取得了一大批优秀成果,包括一系列自动综合的模拟模型、自动综合过程控制模型等,为空间数据的多尺度表达和自动综合的最终实现创造了非常有利的条件。随着制图综合技术在生产中的广泛深化应用(费立凡,2004;王家耀 等,2006;王家耀,2010),由综合操作引起的不一致性问题日渐受到关注。例如:Dettori 等(1996)从数学模型的角度定义了一组制图综合算子,进而探讨分析了制图综合基本操作与地图拓扑一致性之间的关联;Du 等(2008)基于"Merging"和"Dropping"制图综合操作提出了针对宽边界复杂面目标的结构和拓扑不一致性评价方法;Liu 等(2014)利用约束德洛奈三角网和弹性力学模型度量建筑物、道路目标之间的距离、位置等信息,进而运用迭代移位操作处理建筑物与道路之间由于相互压盖产生的不一致性,如图 1.2 所示;面对制图综合中建筑物与道路目标之间的压盖问题,Zhao 等(2015)利用拓扑关系模型探测出建筑物与道路目标之间的拓扑不一致性,进而在顾及距离约束条件下运用 Morphing 变换对道路边界进行细微变形处理,从而有效解决了建筑物与道路之间相互压盖产生的不一致性问题。

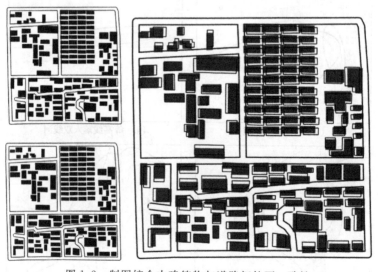

图 1.2　制图综合中建筑物与道路拓扑不一致性

第2章 空间数据不一致性探测处理理论基础

空间数据不一致性研究的范围非常广泛,当前主要集中于地理空间数据不一致性特征分析、表达、分类、度量、探测、处理及评价等方面,尤其是空间数据不一致性探测与处理的研究。目前,在这些方面均已取得了一定的研究进展,但面对日益深化的多尺度地图空间数据综合应用,空间数据不一致性的探测和处理问题依然层出不穷。空间数据不一致性探测处理的基本任务是以空间关系约束、物理世界规律或客观现实逻辑知识来发现和修正 GIS 空间数据集中空间目标之间的矛盾和冲突(Egenhofer et al,1993;Ubeda et al,1997)。其目的在于维护空间数据集中空间目标之间的逻辑一致性,进而提升空间数据质量,为空间查询、空间分析和复合型空间决策提供准确、有用和可靠的支撑。归纳分析可知,现有的空间数据不一致性研究主要通过认知模型和数学模型两个泾渭分明而又互为补充的工具来展开。认知模型从人类对客观世界的认知出发,认识和描述空间数据不一致性,研究如何建立计算机空间与地理空间之间的映射等,如客观现实逻辑模型;而数学模型则以数学理论为基础,严密地进行空间关系建模,如拓扑关系模型。在这些研究中,主要涉及地理空间认知、拓扑学和数据同化等理论基础。为此,本章具体阐述与空间数据不一致性探测与处理研究密切相关的空间认知、空间集合、拓扑学、图论和空间关系等基础理论。

§2.1 空间数据不一致性探测处理的理论基础

2.1.1 空间认知基础

"认知"原本是一个心理学术语,以往许多心理学词典或心理学图书都将"认知"理解为认识过程,即和情感、动机、意志等相对的理智或认识过程。当前则认为:广义而言,认知指任何生物体生理特性的一种功能表现;狭义上,认知则指人脑中以信息处理方式进行的认识过程。Houston 等(1983)将认知归纳为五种类型:①认知是信息的处理过程;②认知是心理上的符号运算;③认知是问题求解;④认知是思维;⑤认知是一组相关的活动,如知觉、记忆、思维、判断推理、问题求解、学习等。

认知心理学(cognitive psychology)是 20 世纪 50 年代中期在西方兴起的一种心理学思潮和研究方向。与强调客观观察、环境影响、环境适应和实际功效的行为心理学相比，认知心理学更多地通过自我内省方法来探究人类心理活动（尤其心智结构发展）规律。广义的认知心理学是指研究人类的高级心理过程，主要是认识过程，如注意、知觉、表象、记忆、创造性、问题解决、言语和思维等。而狭义认知心理学则相当于当代的信息加工心理学，即采用信息加工观点研究认知过程。认知心理学是心理学与邻近学科交叉渗透的产物。其中，语言学对认知心理学的发展有很大影响，控制论、信息论、计算机科学对认知心理学的发展具有深远的影响，计算机科学与心理学相结合，产生了边缘学科——人工智能。人工智能与认知心理学关系极为密切，计算机的出现为分析人的心理过程和状态提供了新途径。

认知心理学是认知科学产生的基础，所谓认知科学（cognitive science）旨在研究人脑和心智的工作原理，涉及心理学、计算机科学、神经科学、语言学、人类学、哲学等学科，是这些学科交叉渗透与聚合的产物。通过人脑与计算机的类比，将人脑看作是计算机的信息加工系统，用计算机的一般特征来理解人类心理，采用自下而上的策略，先建立一个简单的神经网络模型，再考察这个模型所具有的认知功能；从真正的大脑工作方式入手，通过运用一些技术手段（如脑功能成像）研究大脑功能以理解人类认知。

空间认知（spatial cognition）则是认知科学的重大前沿课题之一，有关空间认知研究最早可以追溯到 1948 年由 Tolman 发表的论文，其在论文中首次提出了"cognitive maps"这一名词。空间认知理论是当前对地图学与地理信息系统发展具有重大指导价值的理论。空间认知是有关空间关系的视觉信息的加工过程，由一系列心理变化组成，个人通过此过程获取日常空间环境中有关位置和现象属性的信息，并对其进行编码、存储、回忆和解码。这些信息包括方向、距离、位置和组织等。空间认知不仅涉及获取、组织、利用和修正有关空间环境的知识，还涉及一系列空间问题的解决，如行进中测定位置、察觉街道系统、找路、选择指路信息、定向等。这些能力使得人类能够在日常生活中管理基本的和高级的认知任务。对于人类和技术系统中的空间认知的理解需要以心理学、地理信息科学、人工智能和制图学等多个学科理论作为基础。空间认知研究有助于将认知心理学和神经科学联系在一起，以弄清空间认知在大脑中扮演的角色和以空间认知为核心的神经生物学基础。空间认知与人们如何描述其所处的环境，在新的环境中寻找目标的方式及规划路线密切相关。

地理学研究地理现象分布和过程变化规律，特别强调人地关系地域变异，经历了描述解释、数学模型、地理行为和智能计算等方法论的发展。地理信息科学作为直接相关于地理、测绘、计算机等学科的交叉或边缘科学，地理空间是地理信息的本质特征。地理学对于空间认知的研究直接源于地理学在 20 世纪 60 年代末到 70 年代初开始的针对人类行为方式的研究。地理空间认知是地理信息科学的核心内容，也是空间认知的重要理论之一（高俊 等，2008）。地理空间认知是人-机-地交互系统中广义地理空间信息加工理论。具体而言,地理空间认知是人-机-地环境下地理空间结构变换及其符号表征理论,研究人类在日常生活中如何理解地理空间并进行地理分析与决策。

2.1.2　空间集合运算

集合论(Cantor,1883)自 19 世纪 70 年代由德国数学家康托尔(Cantor)创立以来,不断促进着许多数学分支学科的发展,其基本概念已渗透到数学的所有领域。按现代数学的观点,数学各分支学科本身及其研究对象均可视为带有某种特定结构的集合,或者可以通过集合来定义(如实数、函数、面和线等)。从这个意义上说,集合论可以说是整个现代数学的基础,是数学中最富创造性的伟大成果之一。20 世纪集合论得到迅速发展和创新,相继出现模糊集合论与可拓集合论,以解决实际中出现的新问题。

1. 集合定义及运算

定义 1:集合是指具有某种特定性质的具体的或抽象的对象汇总成的集体,这些对象称为该集合的元素。例如,a 是集合 M 的元素,则记为 $a \in M$;a 不是集合 M 的元素,则记为 $a \notin M$。不包含任何元素的集合称为空集,记为{} 或 $\varnothing$。

定义 2:设 M、N 为集合,若对于集合 M 中的任一元素 a 都有 $a \in N$,则称 M 为 N 的子集,也称 M 被 N 包含,或 N 包含 M,记为 $M \subseteq N$。

定义 3:设 M、N 为集合,若有 $M \subseteq N$ 且 $N \subseteq M$,则称 M 与 N 相等,记为 $M = N$;若 $M \subseteq N$ 但 $M \neq N$,则称 M 是 N 的真子集,记为 $M \subset N$。

定义 4:集合运算的算法定义包括以下几部分。

(1)交集。集合 M 与 N 的交集为由集合 M 和集合 N 的公共元素组成的集合,如图 2.1(a)所示,记为

$$M \bigcap N = \{a \mid a \in M \text{ 且 } a \in N\} \tag{2.1}$$

(2)并集。集合 M 与 N 的并集为由集合 M 和集合 N 的所有元素组成的集合,如图 2.1(b)所示,记为

$$M \bigcup N = \{a \mid a \in M \text{ 或 } a \in N\} \tag{2.2}$$

(3)补集。集合 M 的补集为由属于全集 W 但不属于集合 M 的所有元素组成的集合,如图 2.1(c)所示,记为

$$\sim M = \{a \mid a \in W \text{ 且 } a \notin M\} = W - M \tag{2.3}$$

(4)差集。集合 M 与集合 N 的差集为属于集合 M 但不属于集合 N 的所有元素组成的集合,如图 2.1(d)所示,记为

$$M - N = \{a \mid a \in M \text{ 且 } a \notin N\} \tag{2.4}$$

(5)对称差。集合 M 与集合 N 的对称差为属于集合 M 但不属于集合 N 的所有元素,与属于集合 N 但不属于集合 M 的所有元素的并集,如图 2.1(e)所示,

记为

$$M \oplus N = (M - N) \bigcup (N - M) \tag{2.5}$$

　　(a) $M \bigcap N$　　　　(b) $M \bigcup N$　　　　(c) $\sim M$　　　　(d) $M - N$　　　　(e) $M \oplus N$

图 2.1　康托尔集合运算的图解表达

2. 空间集合定义及运算

在地理信息空间分析及操作过程中,空间对象通常被视为一个集合。但空间对象集合不同于康托尔集合,因此,只考察集合中所包含的元素远远不够。如图 2.2 所示,从康托尔集合的角度来看,两个空间集合 A_M 和 A_N 所包含的元素完全相同,均为元素 $\{v_1, v_2, v_3, v_4, v_5, v_6\}$,但两个集合构成了形状不同的两个空间对象。由于空间对象具有一些不能由康托尔集合直接定义的属性,例如连通性等,也正是这些属性使得描述空间对象的集合区别于康托尔集合,为此,此处将这类集合称为空间集合。

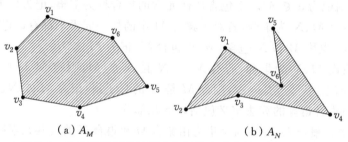

　　　　　　(a) A_M　　　　　　　　　　(b) A_N

图 2.2　构成元素相同的两个空间集合形成的不同空间对象

定义 5:令 U 为一个包含若干个元素 u_1、u_2……u_n 的空间集合,将其表示为 $U = \{u_1, u_2, \cdots, u_n\}$,其中 $u_i (1 \leqslant i \leqslant n)$ 称为空间元素,且满足两个条件:

(1)对于所有的 $1 \leqslant i, j \leqslant n$ 且 $i \neq j, u_i \bigcap \overline{u_j} = \varnothing$,其中$\overline{u_j}$ 是 u_j 的闭集;

(2) $u_i (1 \leqslant i \leqslant n)$ 为一个连通的空间元素。

空间集合可以表示为一个单独的空间对象或一类空间对象(如河网),也可以是空间对象的组合。如图 2.3 所示:(a)中的空间集合只包含一个空间元素,即面对象 $Area$,可记为 $U_a = \{Area\}$;(b)中的空间集合则包含两个空间元素,即两个线对象 Arc_1 和 Arc_2,记为 $U_b = \{Arc_1, Arc_2\}$;(c)中的空间集合则包含了三个空间元素,分别是点对象 Pt、线对象 Arc 和面对象 $Area$,记为 $U_c = \{Pt, Arc, Area\}$。空间集合中的空间元素可以是一个有序的康托尔集合,也可以是由有序康托尔集合组成的集合。

空间集合的运算类似于康托尔集合的运算,但由于空间集合具有与空间位置相关的属性,因此,其运算也有别于康托尔集合。

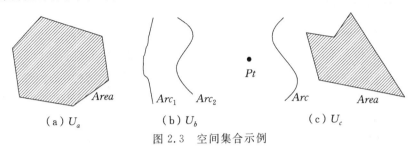

图 2.3　空间集合示例

定义 6:空间集合的运算主要包括以下内容(Li et al,2002b)。

(1)并集。空间集合 U_1 和 U_2 的并集为由空间集合 U_1 和 U_2 的所有元素组成的空间集合,如图 2.4(d)所示,记为

$$U_1 \bigcup U_2 = \{u \mid u \in U_1 \text{ 或 } u \in U_2\} \tag{2.6}$$

(2)交集。空间集合 U_1 和 U_2 的交集为由空间集合 U_1 和 U_2 的公共元素组成的空间集合,如图 2.4(e)所示,记为

$$U_1 \bigcap U_2 = \{u \mid u \in U_1 \text{ 且 } u \in U_2\} \tag{2.7}$$

(3)差集。空间集合 U_1 和 U_2 的差集为由属于空间集合 U_1 但不属于 U_2 的所有元素组成的空间集合,如图 2.4(f)所示,记为

$$U_1 - U_2 = \{u \mid u \in U_1 \text{ 且 } u \notin U_2\} \tag{2.8}$$

(4)反差。空间集合 U_1 和 U_2 的反差集合为由属于空间集合 U_2 但不属于 U_1 的所有元素组成的空间集合,如图 2.4(g)所示,记为

$$U_2 - U_1 = \{u \mid u \in U_2 \text{ 且 } u \notin U_1\} \tag{2.9}$$

(5)对称差。空间集合 U_1 和 U_2 的对称差为由空间集合 U_1 和空间集合 U_2 的差集及其反差组成的并集,如图 2.4(h)所示,记为

$$U_1 \bigoplus U_2 = (U_1 - U_2) \bigcup (U_2 - U_1) \tag{2.10}$$

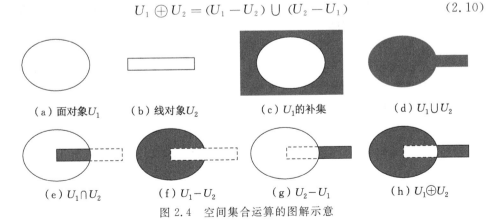

图 2.4　空间集合运算的图解示意

2.1.3　拓扑学基础

由于两个空间对象的拓扑关系描述与空间对象本身的维数(如二维的面对象、一维的线对象和零维的点对象)、复杂性(如简单面对象、带孔洞的面对象等)及镶嵌空间(如三维空间和二维空间、栅格空间和矢量空间等)的特性等因素紧密相关。因此,空间对象之间的拓扑关系描述和区分是一个非常复杂的问题。本小节主要介绍拓扑学基本概念。

拓扑结构是拓扑学中最基本的概念之一,与拓扑关系研究密切相关的另一概念是"邻域"。下面简要阐述一些常用的相关概念、定义及其在地理信息系统中的应用。

定义 7:设有一集合 X,它的一个拓扑 τ 是由 X 上的子集构成的一个非空组,并满足以下三个条件:

(1) X 与空集 $\{\}$ 均属于 τ;

(2) τ 中任意多个元素的并集仍属于 τ;

(3) τ 中有限多个元素的交集仍属于 τ。

以上三个条件也被称为拓扑公理。

定义 8:一个拓扑空间就是由集合 X 和它的一个拓扑 τ 共同构成的一个有序对,记作 (X,τ)。由于 τ 的所有子集在 X 中均为开集,因此,它们的余集(也称补集)均为闭集,且具有下列性质:

(1) X 与空集 $\{\}$ 均为闭集;

(2)任意多个闭集的交集均为闭集;

(3)有限多个闭集的并集仍为闭集。

通常,一个集合上可以规定多个不相同的拓扑,因此,当提到一个拓扑空间时,要同时指明集合及所规定的拓扑。在不产生歧义的情况下,也常用集合来代指一个拓扑空间,如拓扑空间 Y,拓扑空间 Z 等。

定义 9:令 X° 为一个开集,x 为属于开集 X° 的一个元素,即 $x \in X^\circ$,若存在一个无穷正小数 ε,使得以 x 为中心、ε 为半径的一个圆全部落在开集 X° 内,则称开集 X° 是元素 x 的一个邻域。

在二维矢量空间 IR^2 中,通常所说的拓扑是指欧氏拓扑(Euclidean topology),而且欧氏空间也是一个拓扑空间。目前,欧氏拓扑已在空间数据建模(Li et al,2000;Lee,2004)和拓扑推理(Egenhofer et al,1991a;Clementini et al,1995)中得到了广泛应用。

定义 10:集合 A 的闭包为所有包含 A 的闭集的交,也是包含 A 的最小闭集,用 $\overline{A}$ 表示。点集的闭包是定义点集的外部及其边界的基础。

性质:如果集合 A 是一个闭集,那么它的闭包等于其本身,即有 $A = \overline{A}$。

定义 11：集合 A 的边界为 A 的闭包 $\overline{A}$ 和 A 的外部之闭包的交集，用 ∂A 表示，则有：$\partial A = \overline{A} \cap \overline{A^-}$。

定义 12：拓扑空间 X 的子集 A 的外部是一个集合 $\{x \mid x \in X,\, \text{且}\, x \notin A\}$，用 A^- 表示，也可记为 $A^- = X - A$。

定义 13：对于拓扑空间 X 的子集 A，若总存在一个无穷小的正实数 ε，以子集 A 内任一点为圆心、ε 为半径的圆域整个都包含在 A 内，则所有这些点构成的集合称为 A 的内部，也称为 A 的内点，记为 A°。点集的内部是点集的最大开集。

分析上述定义 7~13，不难发现，集合的内部、边界、外部及闭包之间存在以下关系：

(1) $\partial A \cap A^\circ = \varnothing$；

(2) $A^\circ \cap A^- = \varnothing$；

(3) $\partial A \cap A^- = \varnothing$；

(4) $\partial A \cup A^\circ = \overline{A}$；

(5) $\partial A \cup A^\circ \cup A^- = X$。

依据上述定义，可以得到在一个二维矢量空间 IR^2 中点、线、面的内部、闭包及边界，如表 2.1 所示。

表 2.1　二维矢量空间 IR^2 中基本空间目标点、线和面的点集拓扑定义

类型	内部	边界	闭包
点	$\varnothing$	●	●
线	$\varnothing$	╱	╱
面	▨	◁	◸

2.1.4　图论基础

"哥尼斯堡七桥问题"是 18 世纪著名的古典数学问题之一。在哥尼斯堡的一个公园里，有七座桥将普雷格尔河中两个岛及岛与河岸连接起来，如图 2.5(a) 所示，问一个步行者能否从这四块陆地中的任一块出发，恰好通过每座桥一次，再回到起点？瑞士数学家欧拉于 1736 年研究并解决了此问题，他把问题归结为如图 2.5(b) 所示的"一笔画"问题，并证明上述走法并不存在。这也为后来的数学新分支——图论（graph theory）的建立奠定了基础。

图论是一门内容相当丰富的数学分支，它以图为研究对象，但其讨论的图并非几何学中的图，而是对客观世界中目标之间所具有的某种二元关系的数学抽象，即用顶点代表目标，用边代表各目标间的二元关系，如图 2.5(b) 所示。由于各个领

域的绝大多数问题都可以抽象成数学模型,其中很多又是图的模型,因此,图论已成为一个非常有效的分析和解决问题的工具,已广泛应用于管理、交通运输、军事、计算机科学、化学、物理、社会科学等领域。

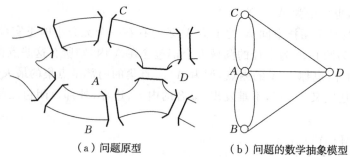

（a）问题原型　　　　　　　　　（b）问题的数学抽象模型

图 2.5　哥尼斯堡七桥问题

1. 基本概念

一个图是由若干给定的顶点及连接两顶点的边所构成的图形,这种图形通常用来描述某些事物之间的某种特定关系,用顶点表示事物,用连接两顶点的边表示两个事物间具有这种关系。通常,一个图可表示为

$$G = (V, E) \tag{2.11}$$

式中,G 表示一个图;$V = \{v_1, v_2, \cdots, v_m\}$ 表示顶点的集合;$E = \{e_1, e_2, \cdots, e_n\}$ 表示边的集合,也是由集合 V 中元素组成的无序对的集合。若边 e 连接顶点 v 和 w,则记为 $e = (v, w)$,或记为 $e = vw$。顶点 v 和 w 称为边 e 的端点,v 与 w 相邻,点 v 与边 e 在图 G 中相关联。若边 e 有方向,则称其为有向边,反之则称为无向边。一个图中两端点相同的边称为环边,起点和终点都相同的边称为重边。通常,大多情况下只考虑简单图的应用,即不含环边和重边的图。

例如,图 2.6 中共有 6 个顶点和 8 条边,其顶点和边可分别表示为

$$V = \{v_1, v_2, v_3, v_4, v_5, v_6\}$$
$$E = \{(v_1, v_2), (v_2, v_3), (v_3, v_4), (v_3, v_4), (v_4, v_5), (v_5, v_6),$$
$$(v_2, v_6), (v_6, v_6)\}$$

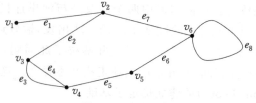

图 2.6　图的示例

若一个图中每条边都是有向边,则该图为有向图;若一个图中存在任一一条边 $(v, w) = (w, v)$,则该图为无向图。以 V 为顶点集,以 $\{(x, y) \mid (x, y) \notin E\}$ 为边

集的图称为图 G 的补图,记为 $\bar{G}$。每条边都对应一个非负实数的图为赋权图,而该非负实数则称为这条边的权。对于任意两个图 H 和 J,若 $V(J) \subseteq V(H)$,$E(J) \subseteq E(H)$,则称 J 为 H 的子图;若 J 包含 H 中的所有点,则称 J 为 H 的支撑子图。

2.图的遍历

图的遍历是指由图的某一个顶点出发,对图中的所有顶点进行访问且仅访问一次的过程。图的遍历包括深度优先遍历和广度优先遍历。

(1)深度优先遍历。由图中某一顶点 v_m 出发,访问此顶点并将其标记为已访问,再从该顶点的一个未被访问过的邻接顶点 v_n 出发进行深度优先遍历。当 v_m 的所有邻接顶点均被访问过后,则退回至上一个顶点 v_l,再从 v_l 的另一个未被访问过的邻接顶点出发进行深度优先遍历,直至图中所有顶点都被访问到为止。以图 2.7 为例,从 v_1 出发进行深度优先遍历的结果为:v_1,v_2,v_3,v_4,v_5,v_6。

(2)广度优先遍历。由图中某一顶点 v_m 出发,访问该顶点,再依次访问与该顶点 v_m 邻接的、未被访问过的所有顶点,然后分别从这些顶点出发进行广度优先遍历,直至图中所有被访问过顶点的相邻顶点都被访问到为止。若此时该图中仍有顶点未被访问,则另选图中一个未被访问过的

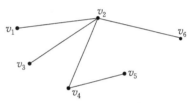

图 2.7　图的遍历示例

顶点作为起点,重复上述过程,直至图中所有顶点被访问到为止。如图 2.7 所示,从顶点 v_1 出发,对该图进行广度优先遍历的结果为:v_1,v_2,v_3,v_4,v_6,v_5。

2.1.5　空间关系

空间关系是指在某一维度空间内空间实体之间的关系,包括拓扑空间关系、顺序空间关系(或方向关系)和度量空间关系(或距离关系)。由于拓扑空间关系对地理信息查询和分析具有重要意义,因此,在地理信息系统中,若未明确指出,则空间关系一般指拓扑空间关系。

1.拓扑关系

拓扑关系体现了空间目标之间不依赖于几何形变的一种内在联系,是一种最重要的空间关系,在空间关系领域中研究得最为深入,其应用也最为广泛。空间目标的基本拓扑关系一直是空间关系的重点研究内容,旨在描述空间目标在几何上的关系,并有效地区分和识别不同的拓扑关系类型,且所区分和识别的拓扑关系类型要与人们的认知相一致。由于空间目标位置具有不确定性,因此,空间目标之间的拓扑关系也具有模糊性(Clementini et al,1996)。本小节简要介绍拓扑关系的基本特性与描述方法及代表性的拓扑关系基本模型(如四交模型、九交模型)。

1)拓扑关系的基本特性

拓扑关系在拓扑变换过程(如旋转、缩放和平移等)中保持不变,独立于任何定量测度的一类关系,也是空间目标之间约束较弱且稳定性最高的空间关系,如空间目标之间的邻接、包含和连通关系等。若要对空间目标之间的拓扑关系进行细化描述,则需要综合考虑其他类型的空间关系约束,如方向关系和距离关系等。事实上,拓扑关系、方向关系和距离关系这三种基本空间关系之间也并非完全独立,而是相互联系的,空间关系表达了空间数据之间的一种约束;Schlieder(1995)也持相似观点,认为距离关系对空间数据的约束最为强烈,方向关系次之,拓扑关系最弱,这也表明不同空间关系之间存在着某种层次递进关联。

拓扑关系具有旋转、缩放和拉伸等不变性。如图 2.8 所示,就拓扑关系而言,空间实体 E 与 F 之间均为相离关系。如图 2.8(b) 所示,经缩放变换后,拓扑关系保持不变,但两实体 E 与 F 之间的距离发生变化。如图 2.8(c) 所示,经旋转变换后,拓扑关系保持不变,但两实体 E 与 F 之间方向关系发生变化,E 由初始状态位于 F 的西面变换为位于 F 的东北面。

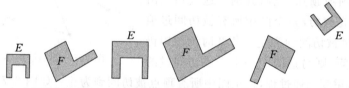

　（a）初始空间实体　（b）缩放变换后的空间实体　（c）旋转变换后的空间实体

图 2.8　拓扑关系相同的空间目标示例

2)拓扑关系的粗糙描述方法

现有针对拓扑关系描述的众多研究中,拓扑关系的描述方法主要可以归纳为三类,即交叉方法、交互方法和混合方法(陈军 等,1999)。

目前国际上使用较多的是交叉方法,即将空间实体分解为几个部分,通过比较两个实体各组成部分的交来判定空间关系。其中以根据点集拓扑理论提出的四交模型最具代表性,其思想是运用交叉方法先将空间实体分为边界(boundary)和内部(interior),再通过比较空间实体 A 的边界、内部与空间实体 B 的边界、内部之间的交集(取值为非空或空)来确定两空间实体 A 和 B 之间的拓扑关系。 随后,Egenhofer 等(1991b)进一步纳入空间目标的外部(exterior)的概念,进而建立了九交模型。

交互方法是第二类方法。其基本思想不同于将目标分解为更细的组成部分,而是运用空间目标的整体来区分与定义空间关系。最具代表性的是 Randell 等(1992)提出的空间逻辑,基于区域联结的定义运用逻辑演算的方法描述了空间区域间的 8 种关系,并发展了一种基于空间逻辑的推理机制(Cui et al,1993)。Vieu

(1993)在此基础上提出了具有完整语义描述的空间关系与空间推理的形式化框架。该方法的缺点是需要预先假设空间目标之间可能的关系,且不能保证其完备性,但对每一种可能的关系,描述结果均是唯一的。

空间关系描述的第三类方法是 Chen 等(1997)提出的基于沃罗诺伊(Voronoi)图的混合方法。该方法将空间目标的外部替换为空间目标的 Voronoi 区域(Voronoi region),对原 Egenhofer 等的九交模型进行了改进,建立了一种基于 Voronoi 的新九交模型(Voronoi based 9-intersection model),简称为 V9I 模型。由于该模型既考虑了空间实体的内部和边界,又将 Voronoi 区域看作一个整体,因而该模型有机地集成了交叉与交互方法的优点,能够克服九交模型的一些缺点(如无法区分相离关系、难以计算目标的补等)。

3)拓扑关系基本模型

(1)四交模型。

在二维矢量空间 IR^2 中,四交模型(T_R^4)是由空间目标 A 的内部点集和边界点集分别与另一空间目标 B 的内部点集和边界点集的交集构成的一个二值(空或非空)四元组模型,可表达为

$$T_R^4(A,B) = \begin{bmatrix} A^\circ \cap B^\circ & A^\circ \cap \partial B \\ \partial A \cap B^\circ & \partial A \cap \partial B \end{bmatrix} \tag{2.12}$$

在交集内容元素取值为空($\varnothing$)或非空($\neg\varnothing$)的情况下,T_R^4 模型可区分 2 种点-点关系、3 种点-线关系、3 种点-面关系、16 种线-线关系、13 种线-面关系及 8 种简单面-面关系。如图 2.9 所示,列举了两个简单面目标之间的 8 种基本拓扑关系及其四交模型表达。

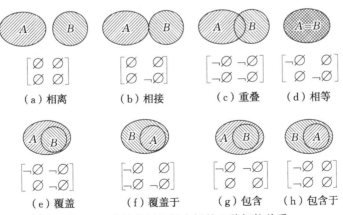

图 2.9　两个简单面目标之间的 8 种拓扑关系

(2)九交模型。

在二维矢量空间 IR^2 中,由于四交模型(T_R^4)在线-线、线-面两类空间目标之间拓扑关系区分上的不足,Egenhofer 等将空间目标的外部纳入进来对四交模型

进行改进,进而构建了九交模型。九交模型是由空间目标 A 的内部点集、边界点集和外部点集与另一空间目标 B 的内部点集、边界点集和外部点集的交集构成的一个二值(空或非空)九元组模型,表达式为

$$T_R^9(A,B) = \begin{bmatrix} A^\circ \bigcap B^\circ & A^\circ \bigcap \partial B & A^\circ \bigcap B^- \\ \partial A \bigcap B^\circ & \partial A \bigcap \partial B & \partial A \bigcap B^- \\ A^- \bigcap B^\circ & A^- \bigcap \partial B & A^- \bigcap B^- \end{bmatrix} \quad (2.13)$$

在交集内容元素取值为空 ($\varnothing$) 或非空 ($\neg\varnothing$) 的情况下,T_R^9 模型理论上可区分 $2^9 = 512$ 种拓扑关系。但现实中仅有一小部分拓扑关系与之对应。相对而言,T_R^9 模型比 T_R^4 模型具有更强的拓扑关系区分能力,可区分 2 种点-点关系、3 种点-线关系、3 种点-面关系、33 种线-线关系、19 种线-面关系及 8 种简单面-面关系。

(3)V9I 模型。

Voronoi 图是一种广泛应用于地理学、气象学、结晶学、天文学、生物化学、物理化学等领域的重要的几何结构。1989 年,加拿大学者 Gold 将其引入 GIS 领域,并用于解决"空间邻接"等涉及空间数据处理的诸多问题(如空间插值、误差估计、动态多边形建立及编辑等)。

考虑 Egenhofer 提出的九交模型中空间目标外部的范围太大,不利于空间操作与实现,且对某些拓扑关系进行识别时区分能力受限。因此,陈军等利用空间目标的 Voronoi 图替代空间目标的外部,建立了基于 Voronoi 图的九交模型,即 V9I 模型,表达式为

$$V - T_R^9(A,B) = \begin{bmatrix} A^\circ \bigcap B^\circ & A^\circ \bigcap \partial B & A^\circ \bigcap B^V \\ \partial A \bigcap B^\circ & \partial A \bigcap \partial B & \partial A \bigcap B^V \\ A^V \bigcap B^\circ & A^V \bigcap \partial B & A^V \bigcap B^V \end{bmatrix} \quad (2.14)$$

式中,A^V 和 B^V 分别表示空间目标 A 和 B 的 Voronoi 图。在区分地理空间中各空间目标之间的邻近关系和相离关系时,V9I 模型具有一定的优势。

可以发现,由于该模型一方面采用的目标本身不是拓扑分量,从而不同于交叉方法;另一方面,该模型又采用了目标内部和边界,从而不同于交互方法,因此,这种建模方法可视为一种混合方法。

4)拓扑关系的精细描述方法

随着空间分析技术在生产实践中应用的不断深入,人们发现上述四交模型、九交模型及 V9I 模型适于目标间只有一次内容相交的简单拓扑关系的描述和计算,却难以表达目标之间存在的复杂拓扑关系(Nedas et al,2004;Liu et al,2005)。进而,为了更精确地探测复杂的空间拓扑关系不一致性,接下来介绍更为精细的拓扑关系区分和描述方法。下面以两个线目标为例进行详细阐述。

(1)基于分离数和维数的线-线基本拓扑关系描述。

对于 IR^2 中的线目标,两条线目标之间的拓扑关系情形在理论上具有无穷多

种类型。例如,两个线目标可以相交一次,也可以相交为 $n(n \geqslant 2)$ 次,并且相交次数不同,拓扑关系类型也不同。当两个线目标相交为 0 次,则它们间的拓扑关系为相离;当两个线目标之间相交 1 次,则为单交关系;当两个线目标相交 2 次或多次,则为多交关系。于是,可以利用分离数(用 ♯ 表示)简单地区分两个线目标间的拓扑关系,表达式为

$$\sharp(A \cap B) = \begin{cases} =0 \Rightarrow \text{相离} \\ =1 \Rightarrow \text{单交} \\ >1 \Rightarrow \text{多交} \end{cases} \tag{2.15}$$

在此,定义两个线目标相交为 0 次或 1 次的情形(即相离关系和单交关系)为基本关系,即有 $\sharp(A \cap B) \leqslant 1$;而定义两个线目标相交次数大于 1 的关系为复合关系(也称为多交关系),即有 $\sharp(A \cap B) > 1$。因此,可以发现,多交关系(复合关系)可以视为由多个单交关系(基本关系)组成,或是复合关系可以分解为多个基本关系。如图 2.10 所示,线目标 A 和 B 间拓扑关系可以分解成 4 个基本关系(简灿良,2013)。

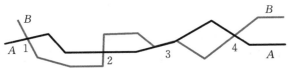

图 2.10　两条多次相交的公交路线

在上述基本关系情形中,对于相交为 1 次的情形(即单交关系),则可根据它们之间交集的维数信息进一步区分为连接关系[交为一个点,即 $\dim(A \cap B) = 0$]和重叠关系[交为一条线,即 $\dim(A \cap B) = 1$]。至于连接关系,又可以细分为相交关系和相接关系;而重叠关系又可以细分为部分重叠关系和完全重叠关系。表达式为

$$\dim(A \cap B) = \begin{cases} 0 \Rightarrow \text{连接} \begin{cases} \text{相交} \\ \text{相接} \end{cases} \\ 1 \Rightarrow \text{重叠} \begin{cases} \text{部分重叠} \\ \text{完全重叠} \end{cases} \end{cases} \tag{2.16}$$

(2)基于交分量类型的线-线基本拓扑关系描述。

对于连接关系,基于点交分量类型可将其细分为联结、T_A 交、T_B 交、相切和相交五种情形,分别记为 p_a、p_b、p_c、p_d 和 p_e,如图 2.11 所示。其中,每个实心圆点表示线的一个端点。对于任意一个点交分量 p_i,其局部顺序 $Lo(p_i)$ 按下述方式定义:以交点 p_i 为圆心,以无穷小正数 ε 为半径画一个圆(即邻域),则圆与两个线目标的交点在圆上的排序即为点 p_i 的局部顺序。在实际操作中,局部顺序可以通过比较 p_i 在两个线目标的相邻点的坐标来确定。此外,图 2.11 中用于标识局部顺序的 A 和 B 分别表示邻域圆与线目标的交点分别在线目标 A 和 B 之上。

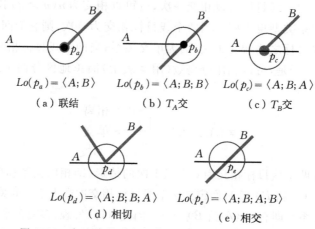

$$Lo(p_a) = \langle A; B \rangle \qquad Lo(p_b) = \langle A; B; B \rangle \qquad Lo(p_c) = \langle A; B; A \rangle$$
　　　（a）联结　　　　　　（b）T_A交　　　　　　（c）T_B交

$$Lo(p_d) = \langle A; B; B; A \rangle \qquad Lo(p_e) = \langle A; B; A; B \rangle$$
　　　（d）相切　　　　　　　　（e）相交

图 2.11　在连接关系中可能出现的五种点交分量类型

　　类似地,线交分量可以区分为 11 种,依次分别记为 l_a、l_b……l_k,如图 2.12 和图 2.13 所示(简灿良,2013)。图中线目标 A、B 的边界点(即端点)分别用黑、灰色实心圆夸大表示。容易发现,线交分量的类型是根据点分量的不同组合而构成的,然而,由于线交分量是其两个端点的线性表达,于是,在线交分量中不含有图 2.11 中(d)和(e)两种类型。除此之外,图 2.12 中(a)~(e)五种类型仅仅出现在某种特定的拓扑关系中,分别是:类型(a)仅出现在"相等关系"中;类型(b)仅出现在 A 覆盖 B 的拓扑关系中;类型(c)仅出现在 A 包含 B 的拓扑关系中;而类型(e)仅出现在 A 包含于 B 的关系中。 而对于图 2.12 中的类型(f)和图 2.13 中的类型(a)~(c),在两个线目标的交分量中至多出现两次,因为这三种类型要求其中一个线目标的一个边界点必须与另一个线目标的边界或内部发生重合关系。而对图 2.13 中的类型(d)和类型(e),其出现的次数可能为无限多次,在实际应用与分析中,这两种类型相对于其他类型而言出现频次最高。

　　根据以上区分的 16 个交分量,定义

$$T_{2L}(A, B) = [N_1(p_a), N_2(p_b), \cdots, N_5(p_e), N_6(l_a), N_7(l_b), \cdots, N_{16}(l_k)] \tag{2.17}$$

式中,$N_m(\cdot)(1 \leqslant m \leqslant 16)$ 分别为相应分量的个数,并且它们的取值范围分别为

$$\left.\begin{aligned}
&0 \leqslant N_1(p_a), N_2(p_b), N_3(p_c) \leqslant 2 \\
&0 \leqslant N_4(p_d), N_5(p_e) < +\infty \\
&0 \leqslant N_6(l_a), N_7(l_b), \cdots, N_{10}(l_e) \leqslant 1 \\
&0 \leqslant N_{11}(l_f), N_{12}(l_g), N_{13}(l_h), N_{14}(l_i) \leqslant 2 \\
&0 \leqslant N_{15}(l_j), N_{16}(l_k) < +\infty
\end{aligned}\right\} \tag{2.18}$$

注意,式(2.17)定义的 16 个元素是对两个线目标之间拓扑关系更精细的描述

与分类。

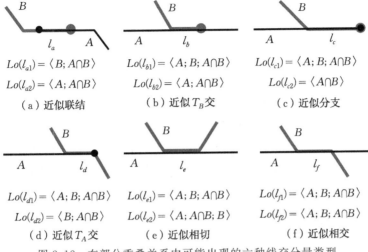

$$Lo(l_{a1}) = \langle B; A\cap B\rangle \qquad Lo(l_{b1}) = \langle A; B; A\cap B\rangle \qquad Lo(l_{c1}) = \langle A; B; A\cap B\rangle$$
$$Lo(l_{a2}) = \langle A; A\cap B\rangle \qquad Lo(l_{b2}) = \langle A; A\cap B\rangle \qquad Lo(l_{c2}) = \langle A\cap B\rangle$$

（a）近似联结　　　　　　（b）近似 T_B 交　　　　　　（c）近似分支

$$Lo(l_{d1}) = \langle A; B; A\cap B\rangle \qquad Lo(l_{e1}) = \langle A; B; A\cap B\rangle \qquad Lo(l_{f1}) = \langle A; B; A\cap B\rangle$$
$$Lo(l_{d2}) = \langle B; A\cap B\rangle \qquad Lo(l_{e2}) = \langle A; A\cap B; B\rangle \qquad Lo(l_{f2}) = \langle A; B; A\cap B\rangle$$

（d）近似 T_A 交　　　　　（e）近似相切　　　　　　（f）近似相交

图 2.12　在部分重叠关系中可能出现的六种线交分量类型

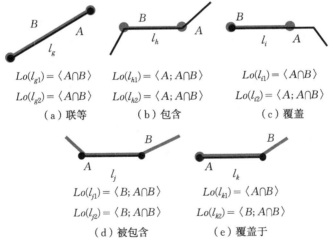

$$Lo(l_{g1}) = \langle A\cap B\rangle \qquad Lo(l_{h1}) = \langle A; A\cap B\rangle \qquad Lo(l_{i1}) = \langle A\cap B\rangle$$
$$Lo(l_{g2}) = \langle A\cap B\rangle \qquad Lo(l_{h2}) = \langle A; A\cap B\rangle \qquad Lo(l_{i2}) = \langle A; A\cap B\rangle$$

（a）联等　　　　　　（b）包含　　　　　　　（c）覆盖

$$Lo(l_{j1}) = \langle B; A\cap B\rangle \qquad Lo(l_{k1}) = \langle A\cap B\rangle$$
$$Lo(l_{j2}) = \langle B; A\cap B\rangle \qquad Lo(l_{k2}) = \langle B; A\cap B\rangle$$

（d）被包含　　　　　　（e）覆盖于

图 2.13　在完全重叠关系中可能出现的五种线交分量类型

（3）基于交分量类型的线-面基本拓扑关系描述。

在粗糙层次上，线与面目标之间的基本拓扑关系共六种，分别为：相离（disjoint）、相接（meet）、相交（cross）、覆盖于（covered by）、在边界上（on-boundary）和包含于（contained by），如图 2.14 所示（简灿良，2013）。在这种区分过程中，仅仅考虑内容不变量，即考虑交集为空或非空，而没有考虑交的数量、维数等。

从上述粗糙分类容易发现，有三种拓扑关系（相接、相交和覆盖于）能够在维数

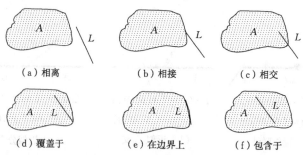

图 2.14　粗糙层次上线与面间六种基本拓扑关系

和交的方面进一步区分。例如,相接关系能够区分为 0-D 和 1-D 两种情形。类似地,可以区分相交和覆盖于关系。于是,通过分析归纳,可以得到 16 种详细的基本关系(邓敏 等,2008)。为了便于区分,称这些关系为精细层次上的线-面基本关系,如表 2.2 中第二列所示。下面详细讨论精细层次上 16 种线-面目标之间基本拓扑关系的区分和描述。

对于相接关系:首先根据维数可以区分为 0-D 相接关系和 1-D 相接关系。进而,根据局部序不变量,区分出不同类型的交点及交点组合类型,得到两种类型的 0-D 相接关系和三种类型的 1-D 相接关系。类似地,可以利用维数和局部序不变量区分相交关系为点相交(point-cross)、内相交(in-cross)和外相交(out-cross);区分覆盖于关系为头部相接-覆盖于(head-meet-covered by)、尾部相接-覆盖于(tail-meet-covered by)、中部相接-覆盖于(belly-meet-covered by)、端点相接-覆盖于(end-meet-covered by)和内部点相接-覆盖于(mid-meet-covered by)。如表 2.2 所示,列出了各种类型基本关系描述和局部序描述(简灿良,2013)。

表 2.2　线-面目标之间基本拓扑关系的层次描述

基本关系粗糙表达	基本关系详细表达	交分量局部序
相离	(a)相离　$A\bigcirc\;L$	—
相接	(b)端点相接　$A\bigcirc L^{p_b}$	$Lo(p_b)=\langle A;L;A\rangle$
	(c)内部点相接　$A\bigcirc L^{p_c}$	$Lo(p_c)=\langle A;L;L;A\rangle$
	(d)头部相接　$A\bigcirc^{p_{d1}L\,p_{d2}}$	$Lo(p_{d1})=\langle A;L\bigcap A\rangle$ $Lo(p_{d2})=\langle L\bigcap A;L;A\rangle$
	(e)中部相接　$A\bigcirc^{p_{e1}L}_{\;p_{e2}}$	$Lo(p_{e1})=\langle A;L;L\bigcap A\rangle$ $Lo(p_{e2})=\langle L\bigcap A;L;A\rangle$
	(f)尾部相接　$A\bigcirc^{p_{f1}L}_{\;p_{f2}}$	$Lo(p_{f1})=\langle A;L;L\bigcap A\rangle$ $Lo(p_{f2})=\langle L\bigcap A;A\rangle$

续表

基本关系粗糙表达	基本关系详细表达		交分量局部序
在边界上	(g)在边界上		$Lo(p_{g1}) = \langle A ; L \cap A \rangle$ $Lo(p_{g2}) = \langle L \cap A ; A \rangle$
相交	(h)点相交		$Lo(p_h) = \langle A ; L ; A ; L \rangle$
	(i)内相交		$Lo(p_{i1}) = \langle L ; A ; L \cap A \rangle$ $Lo(p_{i2}) = \langle L \cap A ; L ; A \rangle$
	(j)外相交		$Lo(p_{j1}) = \langle A ; L ; L \cap A \rangle$ $Lo(p_{j2}) = \langle L \cap A ; A ; L \rangle$
覆盖于	(k)头部相接-覆盖于		$Lo(p_{k1}) = \langle A ; L \cap A \rangle$ $Lo(p_{k2}) = \langle L \cap A ; A ; L \rangle$
	(l)尾部相接-覆盖于		$Lo(p_{l1}) = \langle L ; A ; L \cap A \rangle$ $Lo(p_{l2}) = \langle L \cap A ; A \rangle$
	(m)中部相接-覆盖于		$Lo(p_{m1}) = \langle L ; A ; L \cap A \rangle$ $Lo(p_{m2}) = \langle L \cap A ; A ; L \rangle$
	(n)端点相接-覆盖于		$Lo(p_n) = \langle L ; A ; A \rangle$
	(o)内部点相接-覆盖于		$Lo(p_o) = \langle A ; A ; L ; L \rangle$
包含于	包含于		—

2. 距离关系

空间距离是一类非常重要的空间概念,可用于描述空间目标之间的相对位置、分布等情况,反映空间相邻目标间的接近程度和相似程度,已广泛应用于空间邻域分析、结构相似性度量、图像或目标匹配及聚类分析等领域。

1)距离关系的基本概念

从描述空间的角度来看,空间距离有物理距离(于现实空间)、认知距离(于认知空间)和视觉距离(于视觉空间)(Briggs,1973);从表达方式来看,空间距离又可分为定量距离和定性距离;在计算上,根据地理信息系统所采用的数据结构不同,空间距离度量分为欧氏空间的矢量距离和数字空间的栅格距离(Chen et al,1995)。根据二维地理信息系统中空间目标的维度差异,空间距离可分为点-点、点-线、点-面、线-线、线-面、面-面六类,此外还可包含点群、线群、面群间的距离度量等。对于矢量距离计算而言,点-点之间的距离计算比较简单,常采用欧氏距离来度量,而其余五类距离的计算则相对复杂,并且在不同的应用中对距离的定义和理解也有所不同,因此,各种扩展的空间距离度量应运而生,例如最近距离、最远距离、质心距离、Hausdorff 距离、边界 Hausdorff 距离、对偶 Hausdorff 距离、广义

Hausdorff 距离、Fréchet 距离等。

由此可见,空间距离随着定义的不同、空间目标维数的差异及应用环境的变化,其内涵和外延也变得相当复杂。下面简要介绍地理信息系统应用分析时欧氏空间中的基本距离关系模型。

2)基本距离关系模型

设 N 为任一非空集合,$f:N \times N \rightarrow T^1$ 为一函数,使得对于 N 的任何点 n_1、n_2 和 n_3 满足如下三个性质。

(1)非负性:$f(n_1, n_2) \geqslant 0$,当且仅当 $n_1 = n_2$ 时,$f(n_1, n_2) = 0$。

(2)对称性:$f(n_1, n_2) = f(n_2, n_1)$。

(3)三角不等式:$f(n_1, n_2) \leqslant f(n_1, n_3) + f(n_3, n_2)$。

那么,(N, f) 称为以 f 为距离的度量空间。若 $n_1, n_2 \in N$,则实数 $f(n_1, n_2)$ 称为从点 n_1 到点 n_2 的距离。

对于 T^m 中的两个点 $n_i(x_{i1}, x_{i2}, \cdots, x_{im})$ 和 $n_j(x_{j1}, x_{j2}, \cdots, x_{jm})$,度量距离的一般形式表达式为(Gatrell,1983)

$$f_p(n_i, n_j) = \left(\sum_{k=1}^{m} |x_{ik} - x_{jk}|^p \right)^{1/p} \tag{2.19}$$

式(2.19)称为闵可夫斯基度量(Minkowski metric)。当式中 $p = 1$ 时,式(2.19)变为

$$f_1(n_i, n_j) = |x_{i1} - x_{j1}| + |x_{i2} - x_{j2}| + \cdots + |x_{im} - x_{jm}| = \sum_{k=1}^{m} |x_{ik} - x_{jk}| \tag{2.20}$$

式(2.20)称为曼哈顿度量(Manhattan distance)。当式中 $p = 2$ 时,式(2.19)变为

$$f_2(n_i, n_j) = \left(\sum_{k=1}^{m} |x_{ik} - x_{jk}|^2 \right)^{1/2} \tag{2.21}$$

式(2.21)即为欧氏距离。当式中 p 趋于无穷大时,式(2.19)可以近似表达为

$$f_\infty(n_i, n_j) = \max(|x_{i1} - x_{j1}|, |x_{i2} - x_{j2}|, \cdots, |x_{im} - x_{jm}|) \tag{2.22}$$

式(2.22)称为最大范数距离。

3)扩展的欧氏空间距离关系模型

为了描述线、面等不同维度空间目标之间的距离,一些扩展的欧氏空间距离表达方法被相继提出,如最小(近)距离、最大(远)距离和质心距离等,表达式如下:

最小(近)距离为

$$D_{\min}(A, B) = \min_{n_A \in A} \min_{n_B \in B} f(n_A, n_B) \tag{2.23}$$

最大(远)距离为

$$D_{\max}(A, B) = \max_{n_A \in A} \max_{n_B \in B} f(n_A, n_B) \tag{2.24}$$

质心距离为

$$D_{\text{centroid}}(A,B) = f\left(\frac{1}{m}\sum_{i=1}^{m} n_{iA}, \frac{1}{l}\sum_{j=1}^{l} n_{jB}\right) \tag{2.25}$$

式中，A 和 B 分别为两个空间实体，n_{iA} 和 n_{jB} 分别为空间实体 A 和 B 的顶点，如图 2.15 所示。

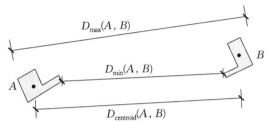

图 2.15　扩展的欧氏距离

3. 方向关系

方向关系是空间目标之间最基本的一类空间关系，近年来不断受到来自地理信息科学、计算机科学、人工智能、机器人、生物工程和行为科学等诸多领域学者的加倍关注。在地理信息领域，方向关系多用于实现空间数据库中的数据与自然语言之间的连接（Coros et al,2006）和智能空间推理（Hong,1996）。当前针对方向关系的研究主要集中在方向关系模型（Freksa et al,2018）、基于方向关系的空间查询（Papadias,1994）、空间场景相似性度量（Egenhofer,1997）和空间一致性分析（Chen et al,2013）等方面。

1）方向关系的基本定义

方向关系即在一定的参考框架下，由一个空间目标到另一个空间目标的指向。因此，方向关系的定义涉及三个要素：参考框架、参考目标和源目标。其中指向出发的目标称为参考目标，被指向的目标称为源目标。由方向关系的定义可知，方向关系具有不可逆性，即 $Dir(A,B) \neq Dir(B,A)$。

2）方向关系的参考框架

空间目标之间方向关系的确定以参考框架为基础。基于不同的参考框架对方向关系的描述结果往往也不相同。Retz-Schmidt（1988）就将参考框架分为以下三类。

（1）内部参考框架（intrinsic reference frame）：在目标内部建立的方向参考系统，常用前、后、左、右等术语来描述方向。

（2）观测参考框架（deictic reference frame）：该框架根据观测者的目的来建立，例如，观测者以自己作为参考目标来定义前、后、左、右等方向。

（3）外部参考框架（extrinsic reference frame）：以地球为参考系，一般选择北方向（如坐标北方向或真北方向）来建立外部参考框架。

3)方向关系的基本特性

方向关系具有以下三个基本性质。

(1)完整性:方向关系描述是一个全圆方向的完整覆盖。

(2)传递性:若 $Dir(A,B) = Dir(B,C) = \alpha$,则 $Dir(A,C) = \alpha$。

(3)反射性:每个方向(Dir)都有一个反方向(Dir^{-1}),且 $Dir = Dir^{-1} \pm 180°$。

2.1.6   数据同化

同化(assimilation)是生物学中的一个重要概念,是指不同物质在一定条件下经过特定过程转换为相近或相同的物质,也是不同物质之间消除矛盾和差异的过程(王跃山,1999)。数据同化(data assimilation)是一种多源数据和模型集成的数据处理技术,起源于大气与海洋科学(Rabier,2005),该技术在考虑数据时空分布和对模型、观测做出误差估计的基础上,在数值模型的动态运行过程中优化地融入新观测数据的方法,是模型与观测数据间循环往复的交互过程,利用观测数据修正数据初始处理模型,使模拟结果更接近现实,使数据的处理更趋合理,产生数据应用增值效应,其目的在于结合观测数据与理论模型结果,吸收各自优点,以获得具有时间一致性、空间一致性和物理一致性的数据集。数据同化最先应用于气象和海洋预报领域,其核心思想是组合优化预报的数学模型和已有的观测数据(如遥感数据),使在时间和空间上具有连续性的数学模型能充分吸收和同化在时间和空间上具有不连续性的观测数据,同时,观测数据能不断修正数学模型,进而充分利用观测数据、模式预报及误差信息尽可能得到模式变量的最优估计,以期最终提高预报的准确度。

"同化"的本意是指把不同的事物变得相近或相同的过程。"A 和 B 同化了"具体包括五层含义,如图 2.16 所示:①A 不变,B 变得和 A 相近或相同,如图 2.16(b)所示;②A 基本不变,B 向 A 同化,如图 2.16(c)所示;③A 和 B 以相互靠拢的方式变得相近或相同,如图 2.16(d)所示;④B 基本不变,A 向 B 同化,如图 2.16(e)所示;⑤B 不变,A 变得与 B 相近或相同,如图 2.16(f)所示。

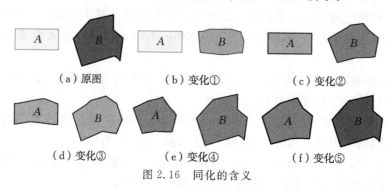

图 2.16   同化的含义

当前国内外对同化理论与方法的研究基本面向大气、海洋、气象、土壤和水文等领域的数据处理,对地理空间数据同化理论与方法的研究基本处于概念提出及初步探索阶段,并认为数据同化是解决空间数据不一致性的有效方法,主要用于处理多源、多尺度、多时态和分布式空间数据的不一致性问题。地理空间数据同化即同一地区不同来源、不同尺度、不同时期的空间数据在一系列预先定义好的标准、规范、规则和知识指导下,消除彼此在空间特征、属性特征和尺度等特征上的差异和不一致性,实现空间数据在逻辑上和物理上的有机集成和统一。进而,利用相关数学模型和算法对多源多尺度地理空间数据的空间位置信息、属性信息和相互关系进行更深层次的比较、关联、改变、印证、补充、合并、吸收及派生,最终提高空间数据质量。

近年来,随着遥感技术的出现,数据同化技术在水文、气候遥感、冰雪遥感等遥感应用领域和陆面、水文数据同化领域开始发挥重要作用,特别是在利用土壤温度遥感观测数据进行水文数据同化方面,研究进展迅速,应用已较为成熟,且取得了良好的效果,同时正在向地图学、空间数据集成等地理信息相关学科渗透。

目前,数据同化技术在遥感影像融合、数据更新等地理信息科学领域也取得了尝试性的进展。例如,万玉发等(1990)通过将不同地理投影方式获得的平面直角坐标同化到统一的底图坐标系中,实现了统一坐标系下雷达图和卫星影像的综合处理和叠加显示,以服务于短时预报和中尺度天气系统研究。陈荣元等(2009)提出了基于数据同化的多光谱和全光谱影像融合框架,根据后续处理对影像各个属性指标值的依赖程度确定各个属性指标的权重,并构造由影像各个评价指标的加权和组成的目标函数,从而获取合适的影像。安晓亚等(2010)将数据同化和主动数据库的思想与方法引入空间数据的更新中,提出了地理事件-条件-动作规则驱动下数据同化的地理空间数据主动更新机制,并用最优插值法对多源地理空间数据进行合并,以期提高数据更新过程中多源数据整合利用效率和更新的自动化程度。Li 等(2012)指出利用传统分类方法(如最大似然法、人工神经网络)进行土地利用变化探测时,易出现明显分类错误,且分类精度低,因此,提出了通过城市扩张模拟获得扩散、凝聚等城市化进程相关信息,结合遥感观测数据,利用集合卡尔曼滤波进行数据同化获取土地利用变化的最佳估计,以改善传统方法的分类结果,进而提高了土地利用变化探测精度。

针对制图生产实践,赵彬彬等(2016)研究了"简化""光滑"和"聚合"等制图综合算子对空间目标几何形状、维度和图形结构等细节特征产生的影响,指出这类综合操作使空间目标的不同比例尺表达发生变化,进而导致拓扑不一致等问题,并提出了一种顾及拓扑和距离等空间关系约束的河流与建筑物之间拓扑不一致性同化处理方法。

2.1.7　渐变(Morphing)变换

渐变(Morphing)变换技术兴起于 20 世纪 90 年代,它是一种同时顾及形状和颜色的图像内插技术,也可以理解为"交叉溶解(cross dissolve)"的过程。Morphing 变换技术在计算机视觉、图像、可视化领域应用广泛(Wolberg,1998),例如,动画制作、图像压缩及图像重构等,其最初目的是实现计算机图像的无缝平滑渐变。

本质上,Morphing 变换是对给定的两个对象 A 和 B 进行不同程度的内插,以获得介于这两者之间的中间对象序列,进而将此序列依次呈现便可生成由对象 A 到对象 B 的连续的、动态的变换。

由于 Morphing 变换所采用的连续变形思想与多尺度地图连续综合不谋而合,也更接近人的视觉感观且符合人的认知,因而日渐被制图综合领域学者们重视(Nöllenburg et al,2008;Lin et al,2017)。按照变换对象所使用数据格式的不同,Morphing 变换技术在地图连续综合中可以归纳为两大类,即基于矢量数据的Morphing 变换和基于栅格数据的 Morphing 变换。其中,基于矢量数据的Morphing 变换主要集中于对道路、河流等线状要素进行线性内插,以产生所需尺度形态的线状要素。对于矢量数据的 Morphing 变换,关键问题在于建立Morphing 变换前后两对象之间的对应关系,并确定 Morphing 变换的移位路径两个方面。下面简述 Morphing 变换插值过程。

图 2.17(a)中 C 和 D 分别为较大比例尺线目标和较小比例尺线目标,线目标 C 具有较多细节信息,线目标 D 的细节信息则相对较小。在不同比例尺原始线目标 C 和 D 之间沿直线移位路径进行 Morphing 变换插值时,如果移位距离值 t 越接近于 0,则插值结果的形态越接近于较大比例尺线目标 C;如果移位距离值 t 越接近于 1,则插值结果的形态越接近于较小比例尺线目标 D。当移位距离值 $t=0$ 时,则 Morphing 插值结果为较大比例尺线目标 C,而当移位距离值 $t=1$ 时,则Morphing 插值结果为较小比例尺线目标 D。图 2.17(b)为采用直线作为移位路径时对应不同移位距离值 t 的 Morphing 变换插值结果。Morphing 变换插值结果的连续程度取决于移位距离值的步长大小,即移位距离值步长越小,Morphing 变换则越连续光滑(赵彬彬,2015)。

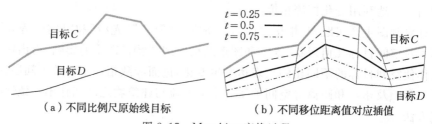

（a）不同比例尺原始线目标　　　（b）不同移位距离值对应插值

图 2.17　Morphing 变换过程

§2.2　本章小结

认知理论、集合论、拓扑学、图论是研究空间目标相互之间空间关系的理论基础,数据同化、渐变(Morphing)变换为空间数据不一致性探测与处理提供了技术支撑和实现手段。本章首先从认知角度介绍了地理空间认知的相关理论;其次介绍了空间关系研究的数学基础,如空间集合、拓扑学及图论的基本概念和相关性质;再次简述了拓扑关系、距离关系和方向关系等三类基本空间关系及其性质;最后阐述了空间数据维护、处理的技术方法,如数据同化、Morphing 变换等相关技术与手段。

第3章 空间数据的层次表达

Koestler(1968)提出"层次"(hierarchy)概念,基于"层次"的思想来表达系统的树状结构,并且指出具有树状结构的系统可划分为较小的子系统,而子系统又可以进一步地划分为更小的子系统。Simon(1973)则将"层次"扩展为"一种半序特殊树"。"层次"术语多出现在社会系统、生物结构、生物分类中,特别以生态学研究中的应用居多。正因为学者和非专业人士都频繁地使用到层次和层次概念,因此层次理论也就应运而生。1973年,在Simon对"层次"进行扩展的基础之上,Pattee(1973)将其上升到理论的高度,提出了有关"层次"的一套系统而完备的理论,并称之为层次理论(hierarchy theory),层次理论是一般系统理论的一个分支(Valerie et al,1996),也是运用得最多的基本理论之一。在提出之初,该理论就被认为是一种有效解决系统复杂性与执行效率这对矛盾的一般性科学,层次理论通常通过运用一些相对较小的子集来表达、研究一个具有多层次、多等级系统的复杂结构和特性。

层次方法是揭示和表达一类复杂系统结构及其构成元素间复杂关系的常用分析方法,针对不同的应用目的,层次理论已经在诸如生物(Rasmussen et al,2001)、医学(Baas,1992)、物理(Kitto,2002)、化学(Mayer et al,1998)、电子学(Malone et al,1987)、社会学(Maslow,1943)、心理学(Maslow,1943)、地理信息科学等众多领域得到广泛应用。例如:Rasmussen等(2001)定义了待研究的自然系统的动态层次概念,确定了该层次结构的框架,并将该框架用于对物理化学分子的自组装和自组织过程的仿真模拟。美国社会心理学家Maslow在其1943年发表的*A Theory of Human Motivation*中提出了需要层次论(hierarchy of needs),其根据三个基本假设将人类需求依次由较低层次到较高层次分成生理需求、安全需求、社会需求、尊重需求和自我实现需求五类。三个基本假设是:①人要生存,他的需要能够影响他的行为,只有未满足的需要能够影响行为,满足了的需要不能充当激励工具;②人的需要按重要性和层次性排成一定的次序,从基本的(如食物和住房)到复杂的(如自我实现);③当人的某一级的需要得到最低限度满足后,才会追求高一级的需要,如此逐级上升,成为推动继续努力的内在动力。

在地理信息科学领域,层次理论也得到了较为广泛的应用。在国内,郭达志等(2003)深入地分析了复杂系统的"等级"结构和遥感图像的尺度推绎问题,但在地理信息空间数据层次表达方面的系统研究其少。在国外,一些学者已将层次理论应用于地理空间的划分、地理空间数据的层次存储、表达和显示及推理分析等方面。例如,在地理空间的层次结构及其划分过程方面,影响力最大的当属 Christaller(1933)在其 *Central Places in Southern Germany* 一书中进行的具有里程碑意义的研究工作,即完整地完成了对中心地的等级和职能等零星研究工作的系统化与理论化,并据此形成了理论体系。

在空间数据存储方面,Samet(1989)基于层次思想发展了四叉树(Quadtree)数据结构,利用四叉树结构对各种类型的空间数据(如点、线、面和体)进行递归分解、存储,这种存储模式的最大优点在于数据结构紧凑,节省存储空间并能有效地提高诸如"空间查询"等操作的执行效率;Floriani 等(1992)为了表达地表形态,发展了层次不规则三角网(hierarchical triangulated irregular network,HTIN)模型,并给出了该模型结构的编码和构建算法,利用该模型对空间数据进行压缩存储和地表详细细节的表达,层次不规则三角网结构基于三角形对地表形态进行近似描述和表达,其中的每一个子节点都包含一个不规则三角网,除根节点外,每个子节点均在其父节点的基础上进一步对地表形态进行精细表达。尽管层次空间数据结构优势明显,如节省存储空间、访问速度快,但很难应用到球体上,为此,Goodchild 等(1992)将球体投影到八面体上,通过将该八面体的八个面递归划分为四个三角形,提出了四元三角格网(quaternary triangular mesh)结构,并阐述了经纬度和三角格网层次结构地址之间的互相换算过程,三角格网面积和指定三角格网地址的计算等方法。在空间数据显示方面,Frank 等(1994)提出了"智能缩放"(intelligent zoom)概念,并利用层次结构(多尺度树)对不同尺度的地形图进行分层表达和存储,并依据"等信息密集度"原则,对不同缩放程度下的空间目标进行选择性渲染,以达到在不同尺度下显示不同详细程度的空间实体之目的。在空间数据推理分析方面,Timpf 等(1997)在进行层次空间推理的过程中,通过基于层次数据结构的高效计算,在最大限度地利用已有条件和满足预期要求的前提下,以较小的计算代价取得了质量足够好的推理结果。

为了更好地拓展层次理论在地理信息科学中的应用,有效地发挥层次理论及方法在复杂系统管理和提高处理效率等方面的优势,本章系统地探讨"层次"概念、分类、特征和作用;进而从地理信息空间表达的角度,系统地分析空间目标位置、语义及空间目标间关系的层次表达方法。

§3.1　层次的概念、分类、特征及作用

3.1.1　层次的概念

"层次"一词源于希腊语,意为划分、等次、分等级或次序。Koestler 提出的"层次"概念在很大程度上可理解为"划分"和"等次"。例如,将树状结构的系统划分为

较小的子系统,同时,子系统又可以进一步地划分为更小的子系统。而 Simon
(1973)提出的"层次"概念则很大程度度上可理解为"分等级或次序"。例如,在他的
书中将"层次"扩展为"一种具有半序特征的特殊树"。在地理信息系统中,一个经
典的数据结构——四叉树则具有典型的层次特征,如图 3.1 所示,每个矩形均可划
分为 4 个一组的更小的矩形。矩形 ABCD 由 4 个小矩形组成,其中一个矩形
AFEI 又划分为更小的 4 个矩形。如果进一步划分的结果具有意义,则此划分过
程可递归进行(Car,1997)。

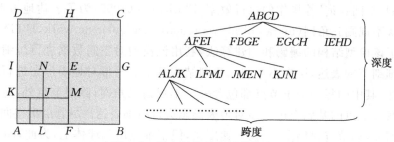

图 3.1　层次划分及其树结构表达

3.1.2　层次的分类

按照不同的分类依据,可得到不同的层次分类。目前主要有三种不同的层次
分类方法,即按照空间过程的构成分类、按照空间的相关性分类和按照层次的形成
过程分类(表 3.1)。

表 3.1　层次的分类

分类依据	按空间过程的构成	按空间相关与否		按层次形成过程
类别	结构层次	非空间层次		聚集层次
	功能层次	空间层次	非独立层次	综合层次
			独立层次	过滤层次

由于任一空间过程均可分为结构和任务两个互补的方面,因此,按照空间过程
的构成不同可以将层次分为结构层次和功能层次两大类。结构层次侧重于系统的
空间结构方面,如空间分布领域的结构或物理空间;功能层次则主要从过程(如运
动、流向等)方面着手。然而,这两大类层次之间并非独立互斥的,其间的界线也非
泾渭分明,因此,这两者的划分并非绝对的。Koestler(1968)就曾指出,由于系统
中的各子系统往往出现不同程度的重叠,通常难以对层次进行准确的分类。尽管
结构和功能是任意时空过程的两个互补的、不可分割的方面,但在研究工作中往往
需要根据实际情况,侧重于研究对象的结构或功能这两者当中的其中一个方面。

按照层次与空间的相关与否,一般地,可以将层次分为非空间层次和空间层
次,非空间层次不具备空间相关性,而空间层次则具备空间相关性。空间层次又可

以按照层次中各空间目标的类型、结构及各目标间的空间关系是否相同进一步细分为非独立层次与独立层次。其中,在非独立层次中,各层次的空间目标的类型和空间关系各不相同;而在独立层次中,各层次的空间目标具有相同的结构和类型,而且各空间目标间的关系类型也相同。

按照层次形成的过程则可以将层次分为聚合层次(aggregation hierarchy)、综合层次(generalization hierarchy)和过滤层次(filter hierarchy)(Timpf et al,1997)。其中聚合层次最常见,它是通过对整个系统中的各元素进行聚合而形成的,整个层次体系中的各元素类型都相同,即只有同类型的较低层次元素才能聚合为较高层次的元素,因此也称为嵌套层次(nested hierarchy);综合层次是非嵌套层次,其中处于较低层次的元素为较高层次的子类,它表达了层次中各元素与较该元素本身更高阶、更通用元素之间的关系;过滤层次则是按照某一过滤算子,将较低层次的元素经筛选提取后,满足过滤条件的元素升为高一级层次中的元素,即根据一定的准则对元素进行过滤而形成的层次。三类层次之间互有联系,即由综合层次可以推导出过滤层次,而过滤层次又具备创建聚合层次的机制。

3.1.3　层次的特征

层次性普遍存在于各种各样的自然现象、自然事物及人类活动中。虽然不同事物的层次性具有各自的特征,但是也存在一些共性。这些共同特征都是事物在结构、运动和功能方面的普遍联系,与不同事物本身无关。层次的主要特征可概括如下:

(1)多级性。具有层次结构的系统可视为子系统的集合,并可进一步细分为子集或等级。一个等级由系统中符合某一等级划分标准的各元素组成,等级划分标准则是对该等级特性的描述,同时也描述了等级结构中本等级与其他等级间的关系。等级结构中的级数决定系统结构的层次深度(depth),每一等级中的元素个数则决定本等级的跨度(span),如图 3.1 所示。

(2)部分与整体性。在层次结构中,处于较高等级的元素由一个或多个处于较低等级的元素组成,即较高等级的元素相当于整体,而较低等级的元素则属于其组成部分。在层次结构中,元素所充当的"整体"与"部分"的角色是相对的,即层次结构中的某一元素既是其所包含的下一等级的整体,也是包含该元素的上一等级的组成部分。如图 3.1 所示,一方面,*AFEI* 既为一个完整的整体(包含 *ALJK*、*LFMJ*、*JMEN*、*KJNI* 四个子部分),另一方面,*AFEI* 又是 *ABCD* 的组成部分。

(3)雅努斯(Janus)* 特性。该特性是所有层次的基本特性之一(Timpf,

---

* 也译为"坚纽斯",古罗马神话中的门神,有前后两张脸。

1997)。等级中的任一元素(除最顶层元素和最底层元素外)与其相邻的上、下等级之间的联系均具有两面性,一方面是其组成部分的上一等级,另一方面又是该元素构成整体的下一等级。

(4)邻近分解性。可分解性取决于本系统与较大子系统之间的嵌套情况,同时也基于"不同系统之间的交互程度随着系统之间距离的增大而减小"的原则。在同一等级中,距离较近的元素之间的交互要强于距离较远的。这种系统其行为表现为由多部分组成的内部联系紧密的单一系统整体或一组子系统(本质上为具有层次结构的系统)。

Berry(1964)提出的"城市群体系中的城市系统"表达了上述层次特征中的Janus特性和邻近分解性。如图 3.2 所示,在城市群这一层次上,"长株潭城市群"是由长沙、株洲市和湘潭市三个城市构成的,其中的每一个元素都是相对独立且完整的城市。其中的元素——"长沙市",既是"长株潭城市群"的组成部分之一,其本身又是一个完整的、全面发展的城市。城市这一层次又包括很多构成元素,可以进一步细分,如长沙市城区又分为五个行政区划,即芙蓉区、天心区、雨花区、岳麓区和开福区,每一个行政区又可以进一步地以街道为单元划分为多个街道管辖区,例如芙蓉区又包括府后街、文艺路、马王堆等多个街道管辖区等。

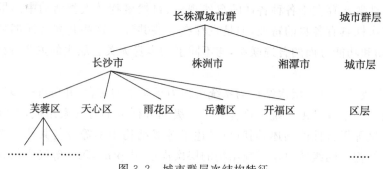

图 3.2　城市群层次结构特征

3.1.4　层次的作用

将层次理论引入对系统对象的研究中,其优势主要有:

(1)可以有效地缩短系统处理时间。Simon(1973)曾指出,在由相同数量部件或要素组成的两个系统中,相对于不具备层次结构特性的系统而言,具有层次结构特性的系统其发展、演化速度要快得多。例如,在组装一辆汽车或一块手表的过程中,利用预先组装好的各套子部件(如发动机、底盘等)来组装要比组装一大堆零部件(如螺丝、齿轮、传送带等)快得多。

(2)有利于提高系统稳定性。从力学角度来讲,如果一个系统受扰动后能再次恢复到扰动前的初始状态,那么该系统即为稳定系统。Pattee就曾做过"系统结构的非稳定性与新层次结构产生之间的关系"方面的研究。

此外,运用层次方法可以将系统或任务分解为可控性更好的子部分,有利于增强平行处理能力(Timpf et al,1992)。

§3.2 空间数据层次表达的方法

就地理信息领域而言,层次理论和方法的应用已经渗透到空间数据模型、空间数据组织、空间查询、分析、空间推理及算法设计等方面。下面主要从地理信息空间表达的角度,包括位置表达、关系表达和语义表达,来探讨层次理论在地理信息空间数据模型、数据组织和表达方面的应用。

3.2.1 空间位置的层次表达

1. 基于格网的层次表达

综合信息元(integrated information unit)是地理信息系统空间数据采集、存储、管理和进行空间模型分析的基本单元,针对不同的研究目的和应用需求,综合信息元具有相对稳定的大小;不同空间尺度的综合信息元中起主导作用的因子会有所变化,因此,通常需要根据不同尺度对信息单元进行划分。在栅格数据结构中,基于格网的层次划分多为四叉树结构(Koestler,1968)。如图 3.3 所示,图 3.3(b)中根节点 A 对应于图 3.3(a)中整个研究区域,四叉树结构中的每个非叶节点都包含四个子节点,而叶节点则无子节点。非叶节点又称为灰节点(gray node),而叶节点又可以进一步分为白节点(white node)和黑节点(black node),不包含数据的叶节点称为白节点,包含数据的叶节点则称为黑节点。四叉树是基于空间区域的均质性判别准则和递归分解原理建立的一种层次型数据结构。同时,从图 3.3(b)不难看出,由根节点开始,随着节点层次的深入,对区域的划分变得更细密、更精确,也更详细。

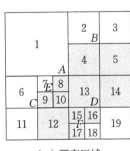 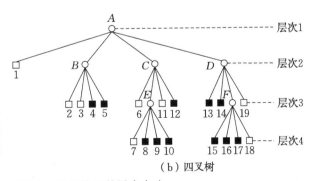

| (a)研究区域 | (b)四叉树 |

图 3.3 基于格网的层次表达

2. 基于目标实体的层次表达

基于目标实体的划分是一种自然划分,由此形成的格网可称为自然格网。进行层次划分的目标实体主要包括水系(如河流)、交通(如道路)等地形要素,不同层次的划分单元的形成取决于不同等级的地形要素(赵波 等,2006)。图3.4(a)中按照道路的不同等级层次列出了四种等级的道路(由上至下,道路等级逐渐提高),分别为街道、市内道路、环线和城际高速,图3.4(b)~(d)中依次列出了按照图3.4(a)中所述的四种不同等级的道路划分形成的自然格网。这种划分不仅符合人们的日常习惯,同时也具有非常重要的实际意义,例如,在进行空间目标查询时,可以依据这种划分方式建立层次索引,由层次索引对空间目标的位置进行从宏观到微观,由抽象到具体,从粗糙到精细,由浅入深地表达和描述,以便根据不同详细程度的实际需要快捷地定位所查找的空间目标。

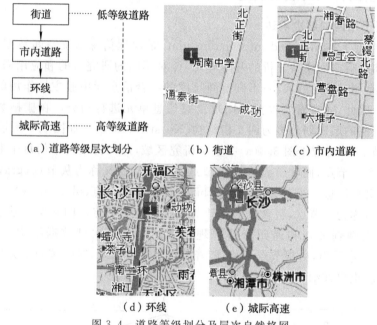

图3.4　道路等级划分及层次自然格网

3.2.2　空间关系的层次表达

1. 层次空间推理

层次概念被人们广泛应用于对空间的认知中。著名认知语言学家 Langacker (1987)曾指出,层次是非常重要的人类认知。Hirtle(1995)认为,"层次"是用来对空间环境的无限细节层次进行组织的主要概念工具之一,同时广泛应用于人们的空间推理中。对空间进行划分和组织的一种最有效的手段是采用空间包容层次结构,并结合一定的能够精确地只对必要数据进行计算的推理策略。这样获得的结果在满足对细节层次上的最低要求的同时,最大限度地减少非相关因素的参与(Timpf,1997)。

层次空间推理实质上为利用层次方法将任务或地理空间划分为更小的子任务或子空间的推理过程。在推理过程中对问题空间进行的层次化划分就是对问题相关知识的一种组织方法。这一结构化组织方法可以有效地剔除与研究问题不相关的因素,从而大大地降低所研究问题的复杂度,缩短处理时间,正因为仅仅只对与研究对象相关的数据进行处理,所以,在利用层次划分法对问题求解时,有望获得更高的执行效率和更好的经济效益。此处,以两个面目标(记为 A 和 B)间的拓扑关系推理为例。为了更快捷地判断面目标 A 和 B 之间的关系,则需要一个层次推理(决策),如图 3.5 所示。此外,这种层次推理过程一方面符合人的空间认知,另一方面也满足实际应用中对空间关系信息的不同程度的需求。

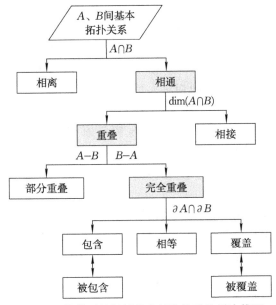

图 3.5　简单面目标间基本拓扑关系的层次推理

2. 层次空间查询

空间检索、查询是地理信息系统的一个重要的基本功能,空间查询可分为位置查询、属性查询和空间关系查询。这里,以位置查询为例,分析空间查询的层次性。例如,外国游客计划到现场观看 2008 北京奥运游泳比赛,游泳比赛地点为"(中国北京市朝阳区)国家游泳中心"。这个查询过程将需要获得包括从世界地图到国家地图,再到直辖市地图,最后到城区地图等不同尺度、具体表达层次各异的一系列地图的支持,以获取不同详细程度的地理空间信息。在具体查询过程中,首先需要从世界地图上查找到"中国",然后从中国地图上查找到"北京市",进而在北京市地图上查找到"朝阳区",最后在朝阳区范围内搜索"国家游泳中心"。至此,即完成了对比赛场地具体空间位置的搜索和查询,据此,该外国游客就能选定其出行路线并制订相应的出行计划。利用层次方法实现空间查询(又称为层次空间查询)能够有效地避免很多不相关区域的搜索,从而可以大大地提高查询速度。

由以上分析可以看出,在空间关系的层次表达中,划分的依据更多地偏向于不同层次之间目标的相互关系,如包含、隶属、等于等关系。

3.2.3　语义的层次表达

地理空间数据的语义划分是以地理特征为基本实体,依据不同的分类体系划分地理空间数据语义。分类体系所采用的是一种层次结构,表达的是不同地理特征之间,不同的地理实体之间的分类隶属关系,不能表达复杂地理空间的全部语义。在不同的具体应用中,采用的语义分类体系可能也不相同。一般地,在大尺度研究区域,大尺度空间本身所覆盖的空间范围较大,对地理实体、现象的描述和表达也较为抽象、概括,相应地,对地理实体语义的分类则较为粗糙,具有宏观性;相反地,在小尺度研究区域,由于小尺度空间所覆盖的空间范围较小,对地理实体、现象的描述和表达则相对大尺度区域而言要更为具体、详尽,相应地,对地理实体语义的分类则较为精细,更倾向于反映地理实体、现象的细节特征,更具微观性。例如,针对全球范围而言,气象学家们研究的地理现象是"气候",具有宏观性、全球性;当研究范围缩小至省、城市这一小尺度层次的空间区域时,气象学家们的研究对象相应具体到某几天甚至某几个小时之内的"天气",具有微观性、区域性。

基于地理实体语义划分的层次结构所表达的是一定地理空间中不同地理特征之间、不同地理实体之间和不同地理现象之间的继承和包含关系。一般是对一种具有较高级别或具有概括、抽象意义的地理现象,用具有较低层次、更为具体的地理特征或地理实体来描述该研究对象,所描述的是较高层次的特征或实体与较低层次的特征或实体之间 $1:n$ 的继承或包含关系。

图 3.6(a)和(b)分别是以植被、道路等为研究对象的语义划分层次结构,例如图 3.6(a)中,处于层次结构顶端(具有较高级别)的地理现象"植被"(较概括、较抽象)包含了"人工植被""自然植被"和"荒地"等较具体的较低层次的实体类别,进一步地,"湿地""草地"和"林地"等更为具体的更低层次的实体类别又继承了"自然植被"这一地理现象。根据上一小节层次分类的依据可知,图 3.6 表达的是一个综合层次,综合层次是一种非嵌套层次,其中处于较低层次的元素为较高层次元素的子类。

　　由此可知,在对地理实体语义进行层次表达时,划分的依据则更多地倾向于地理特征或地理实体的属性之间的相同或相似性。

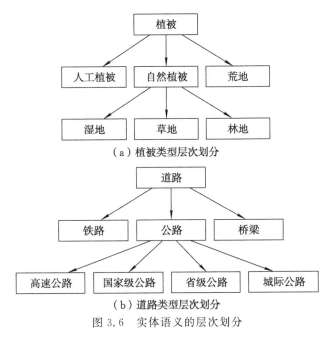

（a）植被类型层次划分

（b）道路类型层次划分

图 3.6　实体语义的层次划分

§3.3　实验分析

　　从面向对象的角度来看,空间对象可以分为点状、线状、面状和复杂对象四种,而空间对象模型是对这四种空间对象的定义和描述。在文献(赵彬彬,2005)中,以国内某所大学各校区的数字化管理为例详细探讨了不同层次的一类面状对象的组织方式与描述方法。在此基础上,本实验首先构建了层次数据模型(图 3.7),进而实现对某一类数据(包括图形数据、属性数据)或空间对象的层次管理。

　　该层次数据模型包括三个不同抽象程度的对象层,即"市区"层、"校区"层和"建筑楼"层,每一层包含一类对象。例如,图 3.7 中在"市区"层构建了多个对象(分别记为 A、B、C……),其中每个对象对应一个校区(如校区 C);在"校区"层,又构建了若干个对象(分别记为 a、b……),其中的每个对象对应一栋建筑楼(如建筑楼 b);对于"建筑楼"层,一栋建筑楼对应多个楼层(如 4楼),并且每个楼层中又构建多个对象,"楼层"对象中的每个对象对应一个房间(如房间 401)。

　　上述模型的构成元素均为面状对象,包括校区、建筑楼、楼层和房间共四类,其中"校区"对象处于层次模型的顶层,抽象程度最高,"房间"对象处于层次模型的底层,具体程度最高,随着层次的深入,所管理对象越来越具体。图 3.8(a)为"校区"层中的一个校区对象,该对象包含了若干个"建筑楼"对象,图 3.8(b)为"建筑楼"层中的一个"楼层"对象,该对象又包含了若干个具体对象——"房间"。

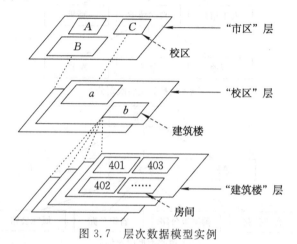

图 3.7　层次数据模型实例

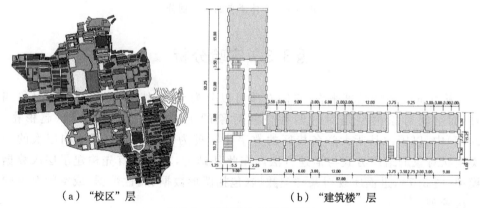

（a）"校区"层　　　　　　　　　（b）"建筑楼"层

图 3.8　空间对象的层次管理

　　实验通过构建面状对象的层次数据模型,将不同抽象程度的对象分层纳入同一模型中,实现了由整体到局部、由抽象到具体、由粗糙到精细,层层深入地对预期目标的管理,取得了较为直观的效果,体现了层次理论的精髓:将系统或任务分解为可控性更好的子部分,有效地缩短系统计算、处理时间,从而在满足用户不同详细程度的应用需求的同时,有效地提高了空间检索、空间查询及空间分析的效率。

§3.4　本章小结

　　层次理论从 20 世纪中叶发展至今已有半个世纪左右的历史,已广泛应用于生物、医学、物理、电子学、社会学等诸多领域,主要用于揭示和表达一类复杂系统(如生态系统)的结构及其构成元素之间复杂的关系,极大地减少了待求解问题的复杂度,有效地缩短了系统处理时间。本章基于层次理论思想,主要研究了层次理论在地理信息科学中的应用,探讨了空间目标位置、语义及其相互关系的层次表达方法,这种表达方法的最大特点在于可以有效地剔除与待检索目标明显不相关的区域,提高空间检索、空间查询与分析的效率,尤其对于海量地理空间数据,具有非常重要的实际意义。在后续研究中,将从不同尺度空间目标的表达和描述的层次性出发,进一步运用层次理论及其表达方法对多尺度地图空间目标进行划分、组织与管理,并在此基础上提出一种新的多尺度地图空间面状地物空间索引方法。

第4章 基于城市形态学原理的空间目标层次索引

地理信息系统的主要任务之一是有效地检索空间数据及快速响应不同用户的在线查询。在空间数据库中,数据和空间位置相关联,空间数据的获得是建立在数据的空间关系基础之上的。空间索引技术的引入直接影响空间数据的存储效率和空间检索的速度,并能够有效地提高这些操作的性能。因此,研究空间索引技术并寻求更好的空间索引机制已经成为当前计算机领域、地理信息科学领域和其他相关应用领域的一个研究热点。

迄今为止,人们已经提出了很多种空间索引方法。从早期的树结构索引(Bentley,1975)、希哈表结构索引(Tamminen,1982)、空间填充曲线索引(Abel et al,1983)等到近些年的四叉树变体、R-树变体(张明波 等,2005)等各种改进的索引技术。总的来说,目前国内外关于空间索引结构方面的研究主要集中于网格空间索引、四叉树系列空间索引(钟鸣 等,2008)和 R-树系列空间索引,不少研究所采用的方式是根据具体的使用对象及应用目的在已有索引技术的基础上进行改进。这些索引方法各具优缺点,例如,规则网格索引技术的缺陷在于索引记录冗余,直接影响检索性能;而改进的四叉树空间索引解决了线、面对象的索引冗余,较大地提高了检索性能;R-树则是一种采用对象界定技术的高度平衡树,具备较高的空间效率,也是当前最流行的动态空间索引结构之一(Ahn et al,2001)。目前,市面上主流商用空间数据库也大多采用这三种类型的空间索引结构,例如,ESRI 的 ArcSDE 就使用了一种改进的三层网格空间索引,Informix 的 GeoSpatial 采用 R-树作为空间索引,Smallworld GIS、中国地质大学的 MapGIS 和中科院的 SuperMap 采用的是四叉树空间索引,Oracle 公司的 Spatial 则同时采用四叉树和 R-树两种索引结构。

本章基于城市形态学基本原理,以城市形态为出发点,从地理空间的划分方式和索引网格构建的角度,提出了一种基于自然网格的空间层次索引方法,这种索引方法采用与规则网格相异的不规则网格对地理空间进行划分,对于面目标而言,极大地克服了现有非线性空间索引中规则网格索引方法存在索引冗余的缺陷,从而大大地提高了空间查询效率。下面,首先简要阐述城市形态学基本原理。

§4.1 城市形态学基本原理

4.1.1 形态学

"形态"(morphology)一词源于希腊语 morphe(形)和 logos(逻辑),意指形式的构成逻辑。形态涉及多方面的内容,故其含义很广。《现代汉语词典》中,"形态"解释为:❶事物的形状或表现;❷生物体外部的形状;❸词的内部变化形式,包括构词形式和词形变化的形式。《辞海》(1979 年版,缩印本)中的解释为:"形态"即形状和神态,也指事物在一定条件下的表现形式。《简明大不列颠百科全书》卷八解释为:形态在语言学中指"研究词的内部结构的学说";在生物学中指"研究动植物的整体及其组成部分的外形和结构"。形态的概念根植于西方古典哲学性的研究框架论与方法思维和由其衍生出的经验主义哲学(empiricism),包含两点重要的思路:一是从局部(components)到整体(wholeness)的分析过程,复杂的整体被认为是由特定的简单元素构成,从局部元素到整体的分析方法是适合的,并且是获得最终客观结论的一种途径;二是强调客观事物的演变过程(evolution),事物的存在有其时间意义上的关系(chain of being),历史的方法可以帮助理解研究对象包括过去、现在和未来在内的完整的序列关系。在这两个思路中,"形态"实际上是一种研究的方法,即形态的方法,因此"形态"也是一种方法论。

由上述内容不难看出,形态一词不单指人们能够用肉眼直接观察到的事物的几何形状,还包含超越事物的表象所能表达的更深层次的内容,如形状传达的意义和精神状态。

形态学最初始于生物研究,作为生物学研究中的主要术语之一,形态学是生物学中关于生物体结构特征的一门分支学科,该学科主要研究动物及微生物的结构、尺寸、形状和各组成部分之间的关系。1800 年前后,德国自然哲学学者 Goethe 和 Oken 首先提出了"形态学"概念,用于研究植物的外形、生长与内在结构之间的关系。因此,从字面上来看,形态学实际上是一种研究形态的方法。随后,形态学被逐渐应用于传统历史学、人类学等学科中,并与其他学科广泛结合,从而诞生了数学形态学(mathematical morphology)(喻永平 等,2008)、细胞形态学(cell morphology)(Ye et al,1999)、人体形态学(human morphology)(Brace,2005)、河流形态学(river morphology)(Rosgen,1996)和城市形态学(urban morphology)(谷凯,2001)等交叉学科。至此,形态学已深入社会与自然科学的各个领域,如文化、社会、经济、政治、政策等。

4.1.2　城市形态学

城市形态是指一个城市的全面实体组成,或实体环境及各类活动的空间结构和形成。城市形态的概念在建筑学、城市规划和城市地理学等学科已引起了学者们广泛的关注和浓厚的兴趣,城市形态也是地理学、经济学、社会学、生态学及城市规划等学科的研究热点之一。

如图 4.1 所示,从研究内容来看,城市形态的概念有广义和狭义之分(段进,1999)。广义城市形态研究包括物质环境形态(即有形形态)和社会形态(即无形形态)两个方面:前者主要包括城市区域内城市布点形式,城市用地的外部几何形态,城市内各种功能地域分布格局及城市建筑空间组织和面貌等;后者主要指城市的社会、文化等各无形要素的空间分布形式,如城市生活方式、文化观念和价值观念等形成的城市社会精神面貌、社会群体、政治形式和经济结构所产生的社会分层现象和社区的地理分布特征,以及由此而构成的城市生态结构。狭义的城市形态一般则指城市物质环境构成的有形形态,事实上它们也是城市无形形态的表象形式和形成基础。此处所讨论的城市形态也主要指城市的有形形态。

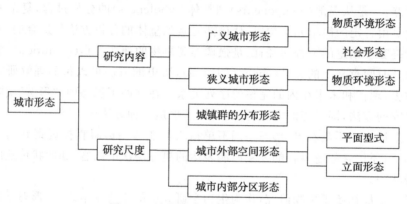

图 4.1　城市形态的研究内容和尺度

城市形态取决于城市规模、城市用地地形等自然条件、城市用地功能组织和道路网结构等因素,其基础骨架是交通轴线和水系轴线,此外,空间轴线对城市形态的呈现也具有重要影响。按城市交通轴线分类、城市形态具有放射型、环型和环状放射型等多种形态;按城市水系轴线分类,具有带型、分流型和合流型等形态。一般而言,一座城市的形态既受交通轴线的影响又受水系轴线的制约,这两者对城市总体形态起着决定性作用。例如,湖南省省会长沙市市区被湘江分割,总体上分为河东和河西两大块,同时又因湘江支流浏阳河、捞刀河与湘江汇合形成合流型形态。

从研究尺度来看,城市形态研究可分为三个层次(图 4.1):第一层次为宏观区域内城镇群的分布形态;第二层次是城市外部空间形态,即城市的平面型式和立面形态;第三层次则是城市内部的分区形态。这三个层次由大到小将研究范围逐步缩小,由粗到细将研究内容逐渐详细化、具体化,随着层次的深入,研究尺度逐步减小。

随着城市研究的深入和各学科的交叉、融合,地理、人文学派的学者将形态的方法用于分析城市的社会与物质环境即被称为城市形态学(谷凯,2001)。城市形态学是地理学、社会学、生态学及城市规划等学科常采用的一种研究方法,目前已被地理学家广泛应用于城市研究中。对于城市规划方面的学者来说,城市景观由街道布局、建筑风格及其设计和土地利用组成,其研究内容主要包括:①城市由村落—镇—小城市—中等城市—大城市的自然渐变规律;②城市内部形态;③城市形态演化规律。本章所研究的城市形态既与城市的自然渐变规律无关,又和城市形态演化规律无关,主要着重于城市内部形态,即城市内部地物、目标、自然现象的空间分布形态。如图 4.2 所示,图中道路-街区系统基本呈规整的方格网状,以南北向走向的“重庆南路”为界,总体形态呈现出:东部街区面积较小且形状较规则,大小较统一,分布较均匀,排列较整齐,路网较密集;而西部街区面积较大且形状较不规则,大小不一,分布不均匀,排列欠整齐,且路网较稀疏。

图 4.2　道路-街区系统

§4.2　基于城市形态学原理的空间索引方法及编码

4.2.1　现有的空间索引方法及其分类

有效地检索空间数据及快速响应不同用户的在线查询是地理信息系统的主要任务之一,空间数据索引技术是研究如何建立索引结构以提高空间数据库检索效率的一门科学。如 §4.1 所述,迄今为止,学者们已经发展了许多种空间索引方法,每种索引方法都各有特点并且都能够大幅度提高空间数据库查询效率。目前,按照空间索引的建立是否以空间划分为基础,可将空间数据索引方法分为两大类:即线性空间索引和非线性空间索引。线性空间索引主要有 Hilbert Curve、Gray Code 等,而非线性空间索引则大都以空间划分为基础,根据划分空间所采用的方式的不同可以将非线性空间索引区分为基于网格和基于树。基于网格的划分方式主要采用人工网格,其结构通常较为规则统一,形式过于固定,缺乏灵活性;而基于树的空间索引在空间划分上可视实际需要而定,具备基于网格方法所不具有的灵活性,但在算法方面较复杂,实现难度较大,对技术要求较高。考虑此处提出的基于城市形态学原理的空间索引也是建立在对空间的划分这一基础之上,同时,在划分方式上类似于人工网格,即也以网格为划分单元,但与之明显不同的是划分得到的空间单元不规则,空间单元的大小和形状与城市基础骨架线(即交通轴线和水系轴线)密切相关,具有较强的客观自然属性,故可视为一种自然网格空间索引。因此,接下来主要回顾网格空间索引,以便后续比较分析。

　　网格空间索引属于非线性索引之一,网格空间索引的基本思想是将被索引空间用横竖线条划分成大小相等或不等的网格(又称人工网格),对划分得到的每个网格进行编码,并记录每个网格所包含的空间对象。查询时,首先确定被查询空间对象所在的网格,然后在该网格中快速查询所选空间对象。其特点是索引空间对象所占空间面积与查询速度密切相关,即面积相差较小时,查询速度快,否则查询速度慢。但是,该索引技术是一种空间划分区域与空间对象本身形状及分布特征无关的索引方法。如图 4.3(a)所示,规则网格空间索引技术将地图空间按照固定的规则网格进行划分,如将一幅地图分割成 i 行 j 列,对落入每个网格内的地图目标建立索引。这样只需检索原区域的 $1/(i \times j)$,从而达到快速检索的目的。而图 4.3(b)为建立的四叉树索引,同样是将地图空间(例如区域 $ABCD$)按规则网格进行划分。网格索引在图形显示、选择、拓扑判断上有着广泛应用,是认知度较高的空间索引方法之一,但同时也存在着严重的缺陷:当被索引对象为线或多边形时,存在索引冗余,即一个线目标或多边形目标被多个网格重复记录,随着冗余量的增加,效率明显下降。此缺陷是由该索引方法所采用的空间划分区域与空间对象本身形状无关这一特性决定的。

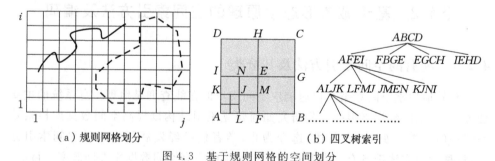

（a）规则网格划分　　　　　　　（b）四叉树索引

图 4.3　基于规则网格的空间划分

4.2.2　基于城市形态学原理的层次空间索引概念框架

　　现实世界中有很多以水系(河流、湖泊)、山脉为界的地域、行政划分,例如,以五大湖为界的美国和加拿大,以长江、汉江为界的汉口、汉阳和武昌,以秦岭、淮河为界的南方和北方等。这种以自然地理要素(如山脉、河流等)为依据的划分方式在现实世界中非常普遍,而且也符合人的空间认知和生活习惯。

与此同时,在城市规划设计领域中,城市形态学的一个重要思想就是:依据自然网格对城市空间进行划分,这里所说的自然网格即指的由道路、水系所围成的网格。随着尺度大小的不同,地图空间所能表达的道路、水系等级也不相同,而由其围成的网格的大小和数量也会随之发生变化。例如,在大比例尺(如 1∶1 000)地图中,能详尽地表达整个城市的每一条小巷、街道;在中比例尺(如 1∶10 000)地图中,则只能表达到次干道;在小比例尺(如 1∶10 万)地图中,则只能表达到主干道、环线等;而在更小比例尺(如 1∶100 万)地图中,整个城市甚至可能以一个点来表示。

Patricios(2002)提出了城市的四级层次结构,即 enclave(地块)、block(街区)、superblock(大街区)、neighbourhood(邻里),并据此建立了经典的 neighbourhood 模型:① 依据水系和路网将城市划分为多个 neighbourhood;② 每个 neighbourhood 可划分为多个 superblock;③ 每个 superblock 可划分为多个 block;④ block 又可划分为多个 enclave。

图 4.4 为将图 4.2 中的区域按不同等级的道路(或水系)围成的网格(即城市形态)进行划分的一个示例。其中:

(1) neighbourhood(邻里)——主干道(环线等)、水系围成的网格,如 N_1;

(2) superblock(大街区)——次干道围成的网格,如 S_{14};

(3) block(街区)——支路围成的网格,如 B_{141};

(4) enclave(地块)——街道围成的网格,如 E_{1435}。

图 4.4　基于城市形态学的空间层次划分

基于这种划分方法,可以建立一个空间划分的层次索引,如图 4.5 所示。将一个城市的空间区域按照高等级的道路网轴线和水系轴线划分为多个 neighbourhood;接着,对每一个 neighbourhood 按照较高等级的道路网轴线和水系轴线进一步划分为多个 superblock,如将图 4.4 中的 N_1 分为了五个 superblock;然后,再将每一个 superblock 按照较低等级的道路网轴线和水系轴线划分为多个 block,图中将 S_{14} 划分为了三个 block,如 B_{141};最后,按照低等级的道路网轴线和水系轴线将每一个 block 划分为若干个 enclave,如图中的 E_{1435}。从而构成如图 4.5 所示的空间划分层次结构。

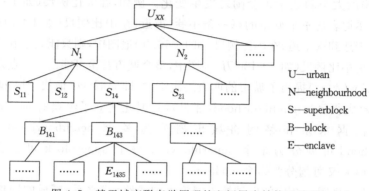

U—urban
N—neighbourhood
S—superblock
B—block
E—enclave

图 4.5　基于城市形态学原理的空间层次结构及编码

如图 4.6 所示,将本章提出的索引方法纳入已有的空间索引分类图可以得到扩展之后的空间索引分类示意图,其中的"UMHI"为 urban morphology based hierarchical index 的缩略语,即基于城市形态学的层次索引。

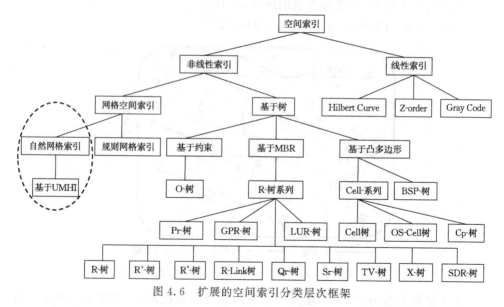

图 4.6　扩展的空间索引分类层次框架

从图 4.4 和图 4.5 可知,基于城市形态学原理建立的层次索引具有如下一些特点:①网格大小和数量与空间尺度相关,索引深度也与空间尺度相关;②无重叠区域;③很大程度上避免了一个地物跨区域分布的情况。如此一来,结合现有的空间索引技术,可以建立一个新的空间索引技术分类层次图,如图 4.6 所示,虚线椭圆框即为此处所述的基于城市形态学原理的空间层次索引,其中的"UM"为 urban morphology 的缩略语,即城市形态学。

4.2.3　基于城市形态学原理的层次空间索引编码

基于城市形态学原理的层次索引根据城市形态,即道路、水系等自然地理要素对城市空间进行划分,形成区别于规则网格的自然网格(即不同等级的四类单元——neighbourhood、superblock、block、enclave)。在此基础上,建立对空间的层次索引。

如图 4.7 所示,以某城市 1∶10 000 的居民地数据为例各等级的空间单元可以按如下方式进行划分与编码。

(1)城区由主干道(或水系)划分为多个 neighbourhood,编码为 N,并从北往南、自西至东依次编号 $N1$、$N2$……。

(2)neighbourhood 区域又由次干道划分为多个 superblock,编码为 S,依次编号 $S1$、$S2$……。

(3)superblock 区域又由支路划分为多个 block,编码为 B,依次编号 $B1$、$B2$……。

(4)block 区域又由街道划分为多个 enclave,编码为 E,依次编号 $E1$、$E2$……。

　　主干道
　　次干道
　　支路
　　街道

图 4.7　某城区居民地空间划分

§4.3　实验分析

由于基于城市形态学原理的索引方法与网格空间索引有一个共同的特点,即都是在对空间进行划分的基础之上建立起来的,相对于其他索引方法而言,这两者的可比性最大,故本小节将对这两种索引方法在索引建立所需时间、索引冗余量及空间查询耗时等方面的性能进行比较。为了比较基于人工规则网格和基于不规则自然网格的两种索引方法在空间查询方面的效率,本小节基于城市形态学原理对某市城区的居民地进行划分,并按上节给出的索引编码方法对划分后的自然网格进行编码,然后建立层次索引。实验中将两种不同比例尺(1:2 000、1:10 000)的居民地数据分别划分为"block"和"enclave"两个等级的空间单元。下面以 block 为例,用计算机语言定义如下(enclave 的定义类似):

```
publicclassCBlock
{intiCode；                         //街区的编号
    float[,] fCoord = null;         //存储街区边界节点坐标的矩阵
    int[] iFidJmd = null;           //存储街区内居民地目标编号的矩阵
    ……                             //其他属性
    publicCBlock(intiCd)            //类构造函数
    {this. iCode = iCd;}
    ……                             //其他方法
}
```

对于居民地数据中的面目标,其定义为:

```
public class CGeoObj
{int iFid;                          //存储居民地目标编号
    float[,] fCoord = null;         //存储居民地目标边界节点坐标的矩阵
    int[] iIDofBlock = null;        //存储街区编号的矩阵
    ……                             //其他属性
    public CGeoObj(intiId)          //类构造函数
    {this. iFid = iId;}
    ……                             //其他方法
}
```

实验使用主频为 1.8 GHz,内存大小为 896 MB 的计算机,在 Windows XP SP2 和 Visual Studio. Net 2003 的环境下实现了上述索引方法,并将其与规则网格(grid)索引进行了比较。实验数据、参数及实验结果等信息列表如下,其中,表 4.1 为参与实验的不同比例尺数据的相关信息统计,表 4.2 为用规则网格和本章所述的 UMHI 两种方法建立索引时的相关参数(为使结果具有可比性,实验中尽量使两种方法对实验区划分的网格在大小和数量上相当)、效率和性能表现。

表 4.1　两种比例尺的实验数据相关信息

比例尺	目标类型	目标数量	目标集节点数	目标平均大小/m²
1:2 000	面状	17 793	176 237	367
1:10 000	面状	3 430	23 283	2 401

4.3.1　实验一

实验一对规则网格索引和 UMHI 在索引建立过程中所需的时间进行对比
(表 4.2)。

表 4.2　两种索引建立的时间比较

索引方法	比例尺	网格等级	网格数	目标数/格	网格平均面积/m²	建立索引平均时间/ms
grid	1∶2 000	相当于 block	49(7×7)	363	496 469.2	35 833
		相当于 enclave	196(14×14)	90.8	124 117.3	141 166
	1∶10 000	相当于 block	49(7×7)	70	496 469.2	8 403
		相当于 enclave	196 (14×14)	17.5	124 117.3	17 691
UMHI	1∶2 000	block	42	423.6	579 214.1	106 087
		enclave	181	98.3	134 403.3	259 203
	1∶10 000	block	42	81.7	579 214.1	28 789
		enclave	181	19.0	134 403.3	39 508

从表 4.2 中两种方法建立索引的消耗时间可以看出,空间划分单元越小,建索
引所需时间越长,并且 UMHI 方法建索引时相对于规则网格方法而言要慢,所需
时间大概为规则网格索引的 2～3 倍,分析其原因主要在于 UMHI 中自然网格的
不规则性及网格边界节点数目较多(规则网格的边界是 4 个角点)而导致相应计算
量增加,因此其建索引所需时间相对而言较规则网格方法要长。

4.3.2　实验二

实验二对规则网格索引和本章提出的 UMHI 在空间目标随机查询耗时方面
的性能表现进行比较。实验以 n 次($n \geqslant 100$) 随机查询(查询与随机选取的面目标
距离最近的面目标)为例,对两种索引方法进行了查询速度的对比分析。图 4.8 为
两种比例尺居民地数据在 enclave 级空间划分时分别采用两种索引方法查询的时
间对比。图 4.9 为两种比例尺居民地数据在 block 级空间划分时分别采用两种索
引方法查询的时间对比。

由图 4.8 中对比数据不难发现:无论空间划分单元的大小为"block"还是
"enclave",在查询速度上,本章所述的 UMHI 方法要优于规则网格索引,特别是当
比例尺较大、空间划分单元越小时,其查询速度更稳定、优势也更明显。

图 4.8(a)和(b)中,地图比例尺均为 1∶2 000,建立 UMHI 索引网格时,将实
验区按"enclave"等级的网格进行划分,共计 181 个索引网格,网格平均面积约为
134 403.3 m²,平均每个网格中的面目标数约为 98.3(表 4.2);建立规则网格索引
时按相当于"enclave"等级网格的密度和大小将实验区划分为 14 行 14 列,共计
196 个索引网格,网格平均面积为 124 117.3 m²,平均每个网格中的面目标数约

为 90.8(表 4.2)。利用规则网格索引方法和 UMHI 方法随机查询所耗时间的最大值(T_{max})分别为 235 ms 和 78 ms,而两种方法的平均查询时间(T_{mean})则分别为 29.4 ms 和 16.6 ms。

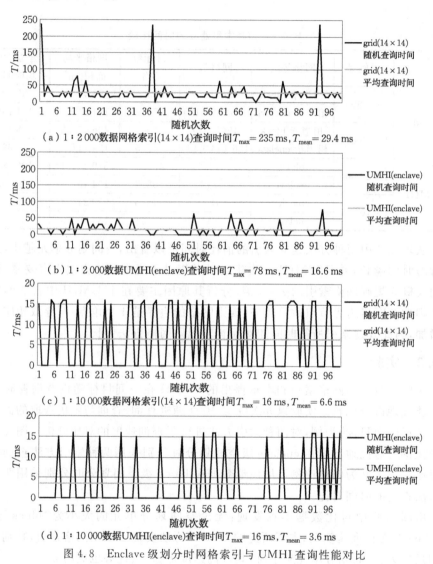

（a）1：2 000数据网格索引(14×14)查询时间T_{max}= 235 ms,T_{mean}= 29.4 ms

（b）1：2 000数据UMHI(enclave)查询时间T_{max}= 78 ms,T_{mean}= 16.6 ms

（c）1：10 000数据网格索引(14×14)查询时间T_{max}= 16 ms,T_{mean}= 6.6 ms

（d）1：10 000数据UMHI(enclave)查询时间T_{max}= 16 ms,T_{mean}= 3.6 ms

图 4.8　Enclave 级划分时网格索引与 UMHI 查询性能对比

图 4.8(c)和(d)中,地图比例尺均为 1：10 000,建立 UMHI 索引和规则网格索引时,将同一实验区分别按"enclave"等级网格和相当于"enclave"等级的网格进行划分,两种索引网格中的面目标平均数分别约为 19.0 和 17.5(表 4.2)。利用规则网格索引方法和 UMHI 索引方法随机查询所耗时间的最大值(T_{max})均为 16 ms,但平均查询时间(T_{mean})分别为 6.6 ms 和 3.6 ms。

图 4.9(a)和(b)中,地图比例尺均为 1∶2 000,建立 UMHI 索引网格时,将实验区按"block"等级的网格进行划分,共计 42 个索引网格,网格平均面积约为579 214.1 m²,平均每个网格中的面目标数约为 423.6(表 4.2);建立规则网格索引时按相当于"block"等级网格的密度和大小将实验区划分为 7 行 7 列,共计 49 个索引网格,网格平均面积约为 496 469.2 m²,平均每个网格中的面目标数约为 363(表 4.2)。利用规则网格索引方法和 UMHI 方法随机查询时间的最大值(T_{max})分别为3 156 ms 和 469 ms,而两种方法的平均查询时间(T_{mean})分别为 101.9 ms 和 53.8 ms。

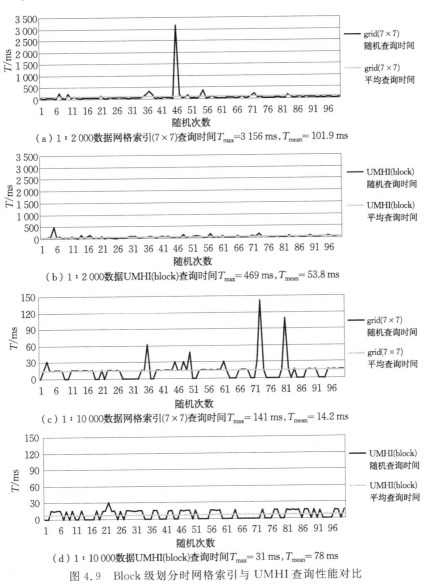

(a)1∶2 000数据网格索引(7×7)查询时间T_{max}=3 156 ms,T_{mean}= 101.9 ms

(b)1∶2 000数据UMHI(block)查询时间T_{max}= 469 ms,T_{mean}=53.8 ms

(c)1∶10 000数据网格索引(7×7)查询时间T_{max}=141 ms,T_{mean}=14.2 ms

(d)1∶10 000数据UMHI(block)查询时间T_{max}=31 ms,T_{mean}=78 ms

图 4.9 Block 级划分时网格索引与 UMHI 查询性能对比

图 4.9(c)和(d)中,地图比例尺均为 1∶10 000,建立 UMHI 索引和规则网格索引时,将同一实验区分别按"block"等级网格和相当于"block"等级的网格进行划分,两种索引网格中的面目标平均数分别约为 81.7 和 70(表 4.2)。利用规则网格索引方法和 UMHI 索引方法随机查询所耗时间的最大值(T_{max})分别为 141 ms 和 31 ms,而两种方法的平均查询时间(T_{mean})分别为 14.2 ms 和 7.8 ms。

　　由实验数据可知,不论地图比例尺为 1∶2 000 或 1∶10 000,对地图空间划分的最小单元为 enclave 或 block,对于相同范围、同一比例尺的面目标,当空间划分网格在大小和数量方面均相当时,UMHI 索引方法随机查询所需最长时间较规则网格索引小得多,同时 UMHI 索引方法的平均查询时间约为规则网格索引方法的一半,即前者的平均查询速度比后者快一倍左右。原因在于规则网格索引中,空间划分后各个索引网格在大小上一致,同时具有规则的形状,且其形状与地图空间中面状地物的形状和大小无关,而面状地物大多是不规则的多边形(特别是在比例尺较大的地图空间中,形状更加不规则),从而导致目标跨多个索引网格分布,当面目标与多个相邻的索引网格均相交时,该面目标便会被多个索引网格重复记录,即产生索引记录冗余。当规则网格索引发生记录冗余时,无疑该面目标会被所有"记录在案"的索引网格重复查询多次,进而增加计算时间。

4.3.3　实验三

　　实验三针对规则网格索引和 UMHI 索引冗余量与空间查询性能的关系进行实验(图 4.10)。

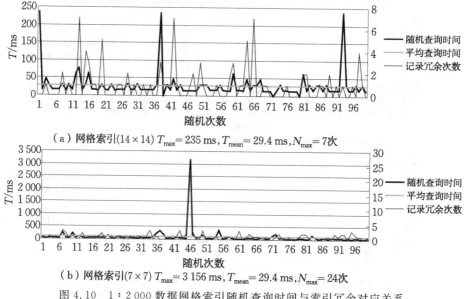

（a）网格索引(14×14) T_{max}= 235 ms, T_{mean}= 29.4 ms, N_{max}= 7次

（b）网格索引(7×7) T_{max}= 3 156 ms, T_{mean}= 29.4 ms, N_{max}= 24次

图 4.10　1∶2 000 数据网格索引随机查询时间与索引冗余对应关系

如图 4.10、图 4.11 所示,每一个随机查询所耗时间峰值均对应一个索引记录冗余次数峰值。其中,索引重复记录次数(N_{max})最大达 24 次,如图 4.10(b)所示,对应的随机查询时间长达 3 156 ms,查询速度显著减小,可想而知,其效率也骤然降低(特别是对大比例尺地图进行查询时,网格索引所需时间显著增加,这主要是因为比例尺越大,地物的表达越详尽,地物密度也更大,一个地物同时被多个网格重复记录的概率大大增加),这与网格索引本身记录冗余的缺陷有关。

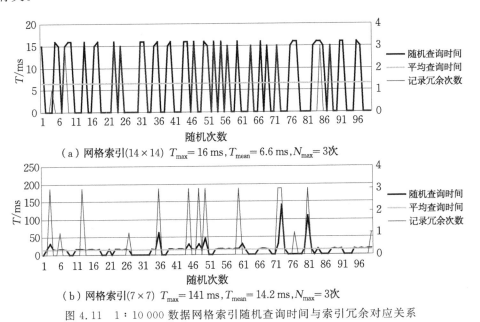

(a) 网格索引(14×14) $T_{max}=16$ ms,$T_{mean}=6.6$ ms,$N_{max}=3$次

(b) 网格索引(7×7) $T_{max}=141$ ms,$T_{mean}=14.2$ ms,$N_{max}=3$次

图 4.11　1∶10 000 数据网格索引随机查询时间与索引冗余对应关系

§4.4　本章小结

本章基于城市形态学基本原理,依据道路、水系等自然要素将城市空间划分为 neighbourhood、superblock、block 和 enclave 四个层次,从而形成不同层次的自然网格,并建立了一种与规则网格索引既有联系又有区别的新的索引方法,即基于自然网格的层次空间索引方法,同时也有效地拓展和完善了现有的空间索引方法分类框架。不难发现,基于自然网格的空间划分方式不仅符合人的认知,同时有效地避免了面状地物跨网格分布的情况,无索引记录冗余,提高了检索速度,实验也证明索引记录的冗余对查询速度具有直接而显著的影响。从实验结果可以发现,与基于规则网格的空间索引相比,UMHI 索引方法的最大优势在于:①索引记录无冗余;②查询速度更快更稳定。

　　此外,本章提出的基于城市形态学原理的空间划分方法同样适用于地图自动综合(如 Li 等用于建筑物的自动综合),以及实现局部更新和应需更新的需要(Li et al,2004)。尽管 UMHI 索引方法在空间划分方式、检索速度上具有一定的优势,但也存在不足,如建索引所需时间较基于规则网格的索引方法要长等。后文的面目标匹配过程即基于 UMHI 索引方法,主要起到"粗匹配"的作用,目的是为候选匹配集的构建提供一个较为粗略的候选匹配目标的集合,以缩小候选目标的搜寻范围,提高匹配过程的执行效率。

第5章 多尺度地图空间目标匹配方法

如果将地理信息系统比作人体,那么,地理空间数据就是"血液"。目前,世界各国(尤其是一些大国)已经建立了多种比例尺的地图数据库。经过多年不懈的努力,我国也在基础地理数据库建设方面取得了长足的发展。其中,在国家层面上,先后建成了全国1:100万和1:25万地形数据库,1:50 000基础数据库也已于2005年前后全部建成;在省级层面上,各省(区、市)1:10 000数据库和1:5 000、1:2 000、1:1 000、1:500基础地理信息数据库正在紧锣密鼓的建设之中,不少省(自治区)的1:10 000地形数据库取得了较大进展,一些大中城市(沿海发达城市)甚至建立了大比例尺(1:500和1:2 000)基础地理数据库。尽管这些多尺度地图数据库覆盖了从小比例尺(如1:100万)到中比例尺(如1:50 000)再到大比例尺(如1:2 000)几乎所有常用的地图数据比例尺范围,为宏观到微观的规划、决策和管理提供了内容逐步详尽的基础地理信息。但是,由于我国经济建设和社会发展速度很快,特别是近年来,随着城市化进程的加速,全国上下大兴土木,农村城镇化、市郊城市化、市区旧城改造,城市不断扩张,相伴而生的是地物、地貌等地形要素翻天覆地的变化,特别是北京、上海和广州等一线城市(如广州每年地表覆盖的变化甚至达到40%~50%),从而导致基础测绘产品的时效性远远滞后于城市发展变化的矛盾日益突出。随着基础地理数据"原始积累"阶段的逐步完成和共享应用的日渐频繁,地理数据的现势性问题已日益凸现,越来越成为广大用户关注的热点问题(蒋捷 等,2000),人们也逐渐认识到"空间信息更新将取代空间数据的获取而成为GIS建设的瓶颈"(Uitermark et al,1998)。国际摄影测量与遥感学会第四委员会主席Fritsch(1999)认为,当前GIS的核心已从数据生产转为数据更新,数据更新关系着GIS的可持续发展。因此,基础地理数据的持续更新目前已成为相关科研部门和科技工作者们关注的一个世界性的难题与热门话题。如何保持这些地图数据库的现势性,以满足国民经济、国防建设和社会发展的需要,已成为目前亟待解决的重大科学问题。

尽管地理信息科学领域基础地理数据库更新方面的研究方兴未艾,但是,当前国际GIS和制图学界就基础地理数据的更新已基本达成一致,提出了一个重要的发展方向,即基于自动综合方法实现多尺度地图数据协同更新(艾廷华 等,2005;陈军 等,2007b)。其中一个前景可观的更新方案便是利用已更新的较大比例尺地图数据去更新较小比例尺地图数据,具体研究内容包括:从大比例尺地图数据中探测变化(基于较小比例尺地图数据)、变化的自动综合(适用于小比例尺地图)、更新的传播及不一致性处理(陈军 等,2007a)。其中最关键的一个环节为在同一地区不同比例尺的地图数据中搜寻表达地表同一地物的地图要素,即目标匹配,这也是空间数据采集、集成和更新的核心技术之一(Saalfeld,1988;Goodchild,1996)。为此,本章对多尺度地图空间目标匹配问题进行详细探讨和深入研究。

§5.1　目标匹配技术

5.1.1　目标匹配技术的用途

目标匹配是指通过对目标的几何、拓扑和语义进行相似性度量,识别出同一地区不同来源空间数据集中的同一地物,从而建立两个空间数据集中同名目标间的联结,为进一步探测不同数据集之间的差异或变化奠定基础(李德仁 等,2004)。

在实现地图合并、更新等操作的过程中,目标匹配技术起着关键性作用,通过目标匹配对多源地图数据库或不同比例尺的地图数据进行比较,进而对空间数据进行变化探测与更新、地图数据库质量评价及空间数据集成或合并。例如,经过目标匹配后,可以将现势性较差的旧图上的属性数据转到精度更高、现势性更好的新地图上;通过比较不同时期的地图数据来进行变化探测;通过同名地物的识别及匹配还可将一个数据库配准到另一个数据库中。归纳起来,目标匹配技术将在如下方面有着良好的应用前景(Lemarie et al,1996)。

1. 地图拼接

测绘地形图时,为了保证图幅边缘地物表达的一致性,实现相邻图幅的正确拼接,通常需要对图幅边缘区域进行检查(即接边检查),甚至重新测绘,然后将重新测绘的地物一致化,这实质上是一个典型的基于目标匹配的地图合并问题。类似地,目标匹配技术也将服务于跨边界的地形图测绘和空间数据库集成。

2. 地图集成

建立统一的地理数据库的一个难题是如何将不同地图的数据编辑组织在一起。不同地图之间的不一致性,不仅表现在同一地物的位置差异,还表现在同名地物匹配出错,其中一个数据库没有相应的地物或地物属性不一致。利用基于目标匹配的地图合并技术可将同一地区不同部门提供的地图合并成一幅完整统一的地图,从而建立起一个统一的空间地理数据库。

3. 地图更新

利用目标匹配自动检测出新老数据之间的差异,将最新获得的地理数据插入已有数据库中,或根据新获取的数据对老的数据进行更新,以提高老数据的现势性。这对很多实际应用来说意义重大,特别是在多尺度地图数据更新中,例如,汽车导航部门经常需要根据道路建设情况更新道路交通数据库。

5.1.2　目标匹配技术研究进展

1. 国外研究进展

匹配技术较早出现于计算机视觉、模式识别、图像分析、图像理解等领域,主要是为了解决图像匹配及其应用等方面的问题(Amit,2004;于家城 等,2007)。其中较具代表性的工作主要包括 Chamfer 匹配(Barrow et al,1977)、Borgefors 匹配(Borgefors,1988)、基于 Hausdorff 距离的匹配(Huttenlocher et al,1993)、迭代点的匹配(Zhang,1994)、基于中值最小二乘的曲面匹配(Li et al,2001)等。其中,Chamfer 匹配是通过比较两个要素的各构成部分的形状之间的差异来达到对影像和地图要素的快速匹配目的,这种方法有效地降低了匹配对的不确定性,并且在较大程度上减小了在传统的影像相关性匹配中所固有的对观察条件的依赖度。Borgefors 匹配方法是对 Chamfer 匹配的一种改进,即层次 Chamfer 匹配方法。它着重于对图像中最重要的低层次特征——图像边缘的分析,通过层次结构提高不同分辨率图像的匹配计算时间,该算法简单实用,易于实现,具有较强的抗噪和抗干扰能力。Huttenlocher 等(1993)指出 Hausdorff 距离是用于度量两个对象上各点之间的相互远近程度的一个度量,根据此特性,将其用于度量图像和模板之间的相似度,提出了 Hausdorff 距离匹配方法。该方法具有受位置精度影响小的优点,但存在计算过程较复杂、计算工作量较大等不足。Zhang(1994)在集合中点的迭代匹配算法的基础上,提出了基于距离分布的统计方法,进而将该方法用于子集与子集的匹配,这种方法适用于对精度要求较高的运动点位估算中,以处理点位离群、遮挡、出现和消失等问题。Li 等(2001)为了克服传统曲面匹配方法中,因为估计参数受局部变形影响而导致最小二乘条件失效的缺陷,在对 M-估计的性能进行重新评价的基础上,提出了另外两个稳健的估计(即 GM-估计和 LMS-估计),用于探测局部变形,并将其中较优的 LMS-估计用于曲面匹配,提出了基于中值最小二乘(least median of squares,LMS)的曲面匹配方法。

为了实现图像的快速匹配,一些学者将层次思想及方法引入进来,提出了基于层次策略的匹配方法。例如,Gavrila(1998)提出了一种基于多特征的层次模板匹配方法,该方法采用了包括边点、角点和方向在内的一些图像特征。该算法依据各模板的相似度,将模板进行不同层次的分组,以便对平移等参数进行由粗略到精细的层次搜索,实现了在粗略搜索时同时匹配多个模板,从而加速了整个计算过程。Zhao 等(2004)提出了一种基于旋转不变量特征的层次匹配方法,通过指纹的最大重叠区域来提取平移和旋转参数,减小了指纹匹配过程中的搜索区域,同时避免了对细节点和核心点的提取,相对于利用参考点和指纹细节点的方法而言,该算法的表现更为稳健。Shen 等(2002)为了对脑磁共振图像进行弹性配准,提出了一种基于层次特征向量的匹配方法,该方法所采用的特征向量包括边类型、图像强度和几何矩不变量,通过分层选择主导特征具有独特性的属性向量,使具有潜在匹配可能的图像更明确,从而大大降低了在寻找对应匹配对时的模糊度,该算法具有非常高的图像匹配准确性。Gavrila(2008)提出了一种层次形状匹配的贝叶斯方法,该方法采用自底向上的聚类方法通过随机最优化,由粗糙到精细逐步确定转换参数,从而生成模板树,利用模板树快速地表达和匹配各种形状模型。Todorovic 等(2008)提出了一种基于区域的层次图像匹配方法,该方法采用了区域的几何和光学特征(如边界的形状、颜色等特征)及区域拓扑特征,将每张图像表达为树状结构的递归嵌套的区域,由此将图像匹配问题转化为"树"的匹配,进一步地,利用定向无环图,在保持原图像树的连通性和"父子"节点关系的前提下,将"树"匹配问题转化为在定向无环图的两个传递闭包间寻找一对一双向映射的问题。

以上层次图像匹配方法主要面向图像匹配应用,基于层次思想和方法从数据结构或算法流程的层面进行操作,其匹配基础和依据是多种类型的图像特征。概括起来,包括:边点、角点、方向、旋转不变量、边类型、图像强度和几何矩不变量等。

在地理信息科学领域,匹配技术早已广泛应用于空间数据集成或融合(Devogele et al,1998)、空间数据质量改善和评价(Goodchild et al,1997;Duckham et al,2005)、多尺度空间数据库的维护和更新(Badard,1999;Anders et al,2004;Volz,2006)、基于位置服务的导航(Stigmar,2005)等方面。其中,又以多源空间数据集成(或融合)方面的应用较早,其重点在于解决不同来源的空间数据间的不一致性问题,最终实现多源数据信息互补,改善数据质量(如完整性等),以及在此基础之上进一步扩展数据应用范围等目标。

目标匹配技术在地理信息科学领域的应用最早出现在 20 世纪 80 年代末,目前许多国外学者研究提出了多种目标匹配的方法。为了有效地集成美国地质测量局的高精度道路数据和美国人口调查局具有丰富属性信息的 TIGER 数据库,Saalfeld(1988)开发了世界上第一个地图自动合并系统,首次利用匹配方法实现了地图数据的融合,该方法利用距离、连通度和蜘蛛编码来寻找可能的匹配点对,然后利用这些已匹配点构成三角网对未匹配点进行变换,不断地迭代进行点目标匹配和坐标变换,直至不再出现新的匹配点为止。该方法的前提条件为两幅图必须是拓扑同构的,即只适合于处理一对一的匹配对应关系的情况,而没有考虑其他匹配情况,如一对多、多对一或多对多的情况,缺陷和不足显而易见,由于其研究对象为点目标,自然就只适用于点目标,而不适用于线目标和面目标,因此,使用范围和实用性都受到了一定的制约。

随后,陆续出现了许多匹配算法。例如,Gabay 等(1994)提出利用待匹配点对(顶点或节点)之间的距离及待匹配线段之间的夹角作为空间约束来进行线目标的匹配方法。其基本思路是:①使用点距离信息确定匹配点,将匹配点分为匹配顶点及匹配节点;②以此为基础进行多义线匹配,对具有匹配节点的待匹配多义线建立缓冲区(缓冲区半径大小根据地图的点位精度而定);③从匹配节点开始,对参考图中的多义线逐线段进行检验,检验各线段是否落在缓冲区内,以及两线段方向夹角是否小于某一阈值(如果一条线段落入了对应线段的缓冲区内并且夹角小于阈值,则认为这两条线段匹配,如果两条多义线的每一条对应线段均匹配,则认为这两条多义线为匹配实体;而如果仅仅是多义线的部分线段匹配,则从匹配线段的两个端点开始分两个方向继续寻找匹配目标,直到线的节点或无匹配线段为止)。Jones 等(1996)和 Cobb 等(1998)基于空间目标的几何、属性及它们的拓扑关系提出了一种基于规则的匹配方法,并用来集成不同来源的道路网,实现道路网属性数据的转换。Cobb 等的方法是一种基于知识的非空间属性数据匹配策略,通过计算属性项的相似度值以确定匹配实体,同样也存在着未考虑非一对一匹配情况的问题。Sester 等(1998)则提出了三种连接不同空间数据库同名目标的方法(实质上是一个目标匹配问题),并指出这些方法也适用于多尺度表达空间数据库。Walter 等(1999)提出了一种缓冲区增长(buffer growing)的匹配方法,该方法考虑了线目标的几何特征(角度、长度和形状)的统计特性。这实质上是一种基于概率统计的匹配方法,该方法利用缓冲区增长法确定候选匹配集,再通过区域统计来确定匹配的阈值,最后使用信息论中的优势函数(merit function)确定匹配结果,换言之,即采用了 A^* 算法求解最优解,最后将最优解所对应的道路弧段的匹配关系作为最终解。该模型优点明显,即理论严密,具有较好的匹配效果,且可应对 $N:M$ 的情况;但是其局限性在于计算过程复杂,较为费时,即便是小范围的道路网匹配,也要数十分钟的时间,同时涉及对匹配结果具有直接影响的缓冲区半径大小和匹配阈值的选择问题。Beeri 等(2004)仅利用"距离"这一空间信息指标提出了一种基于概率的匹配算法,并引入了"查全率(recall)"和"查准率(precision)"对该算法的结果进行了评价,但该算法的匹配结果在一定程度上易受数据的密度和重叠度大小的影响。Zhang 等(2007)基于道路节点连通度和道路几何结构特征提出了一种匹配方法,并将其应用于道路网数据与邮政数据的集成,同时,Zhang 也指出,如果仅仅利用空间目标的几何位置和形状信息很难实现精确匹配和完全匹配,尤其在对两个不同比例尺的空间数据库进行匹配时,于是在其后续研究中便采用了"确定度"和"百分比"两个指标来度量每对目标匹配的质量。Volz(2006)对 Walter 等提出的缓冲区增长匹配方法进行扩展,提出了一种迭代匹配方法,该匹配方法首先依据匹配可能性的大小在源数据中确定候选节点,在此基础上,结合边匹配和节点匹配算法搜寻一对一的匹配目标对,如果该搜寻过程结束,则利用强化的边匹配方法搜寻一对二的匹配目标对,该匹配过程反复运用宽松约束进行多次迭代。

　　此外,Rodríguez 等(2003)提出了一种基于本体的语义匹配相似性度量(即语义距离)方法,该方法实质上是一种基于语义的匹配方法。该语义相似性计算方法对单个本体的要求相对较低,而且能判断出不同本体水平的明确性和形式体系的层次差异,通过对同义集合和语义邻域运用相似度函数来判断相似实体类,区分各类元素、功能和属性等要素。在此基础之上,Samal 等(2004)提出了一种改进的语义距离度量方法,该方法基于图论来对地理环境进行模拟,不仅能度量语义表达中单个字符串的相似性,而且可以度量多个字符串的相似性。

在地图更新应用中,同样涉及多尺度目标地图目标匹配问题,并且已有一些匹配方法被提出了。例如,Badard(1999)发展了一种自下而上的匹配方法,用来检索地理数据库的更新变化,该匹配方法采用的是 Hausdorff 距离度量,同时存在的问题是候选集过大,这就直接导致了变化信息提取的时间较长,因而对大数据量的空间数据处理效率较低。Mantel 等(2004)在对"缓冲区增长"算法进行改进的基础上,针对线目标的匹配问题提出了一种多阶段的匹配过程,并用于多重表达空间数据库更新。按照操作或执行顺序划分的话,该匹配过程主要包括四个阶段,即语义分类、潜在匹配对应关系的计算、基于规则的选取和匹配结果的交互式改进。Gombosi 等(2003)针对地籍数据库更新的应用需要,构造了一种高效的数据结构,该数据结构包括统一的平面划分和二进制搜索树两层,将多边形匹配转换为多边形的边界匹配的问题,提出了多时态多边形边界的快速匹配算法,并进一步发展了一种多时态空间铺盖的融合方法。Masuyama(2006)为了探测多时态空间铺盖的差异,提出了一种判定子区域匹配关系的最大内接圆方法,进而发展了一种平均距离用于对两个子区域待匹配边界线间的差异进行度量。该方法分三步进行:①通过映射变换消除系统误差;②进行空间铺盖的子区域匹配和基于子区域匹配关系的边界匹配;③利用提出的平均距离度量对已匹配边界的差异进行度量并分析该差异是否明显。但该文献所提出的方法也存在一些有待改进的不足,例如,未提出集成空间铺盖的综合方法,明显边界差异的消除方法还局限于匹配边界替换法,尚不能进行与明显差异不相关的链校正工作等。

除道路网外,另一类常见的网络是由河流组成的水系网络,学者们在水系网络的自动匹配问题上也进行了一些研究。例如,Kieler 等(2009)顾及河流在不同比例尺地图中的表达差异,提出了通用性更好的河流网匹配方法,其方法可分为三步:①在保留河流网络拓扑关系的同时,通过提取骨架线的方法,将面状河流段简化为河流中心线,从而生成线状网络;②对线状网络中的弧段和节点进行预匹配,即筛选出候选匹配目标集;③通过在候选匹配集中考察目标对之间的一致性来决定最佳匹配结果。该方法取得了较好的匹配正确率和很低的漏匹配率。

2. 国内研究进展

近年来,我国学者在目标匹配方面也做了不少工作,提出了一些匹配方法。例如,张桥平等(2001)利用 Saalfeld 的点结构"蜘蛛编码"进行了同名点匹配试验,并在其基础上提出了一些改进措施,取得了较好的效果。之后,又提出了基于模糊拓扑关系分类的面实体匹配方法,并将同名面实体的可能匹配关系概括为四种情况:

①先由面目标之间的重叠面积确定两个面目标(集)之间可能的对应关系;②然后计算两个面目标(集)之间的形态距离(morphological distance);③再由形态距离的模糊分类确定两个面目标(集)之间的模糊拓扑关系;④最后根据模糊拓扑关系确定同名面目标匹配结果(张桥平 等,2004)。该方案的优点是:通过形态距离来确定两个不确定面之间的模糊拓扑关系,克服了由于不同来源地图之间可能存在的同名面目标之间的几何位置、形状、大小等方面差异而引起的面目标空间相似度计算的困难;可以处理同名面目标非一对一匹配的复杂情况;匹配结果中包含了所属关系的隶属度,为用户进一步分析确定面目标之间的实际匹配关系提供了依据;由同名点的统计信息得到两幅图之间的相对点位中误差,并据此确定模糊拓扑关系分类准则,在源地图数据质量不确定的情况下,可获得与人眼的视觉判断非常相近的匹配结果。

陈玉敏等(2007)根据道路网折线的匹配特点,提出了基于格网索引的折线-节点距离匹配算法,该方法将复杂的折线与折线间的几何相似度计算转换为计算节点到折线的距离,在一定程度上降低了计算复杂度,同时,通过建立格网索引提高了计算效率。另外,其采用了曲线拟合最小二乘法确定算法的匹配容差和匹配成功率之间的关系,相对于现有的统计匹配算法而言,该算法具有效率较高且匹配成功率较理想的特点,能够满足多尺度道路网数据匹配的应用需求。

童小华等(2007)在 Beeri 等基于概率的匹配算法基础上进行了扩展,提出了一种广义的概率匹配算法,即多指标融合的基于概率理论的匹配算法,其采用的信息指标远多于 Beeri,通过计算实体匹配概率大小来确定匹配实体,优点是受阈值的影响较小,在一定程度上避免了精确阈值的选取,从匹配结果来看,表现较为稳定,同时解决了 Saafeld 等未能解决的一对多的匹配问题。但是,由于该模型采用了多种指标,同时考虑概率统计计算本身的特点,因此,该算法的计算量和复杂度也相当可观,另外,该方法主要研究的是相同比例尺下同类型目标之间的匹配,未明确涉及不同比例尺地图中空间目标的匹配问题。

强保华等(2005)为了找出异构数据库中的同名目标,给出了一种基于属性信息熵的实体匹配方法来确定实体是否相同。该方法从目标的属性信息出发,较为充分地考虑了数据的特征,通过计算属性的信息熵来确定各个属性的权重,进而进行实体匹配。该方法主要包括两个环节:①建立属性值相似性的评价指标,并给出实体匹配的决策模型;②根据描述异构实体的属性值信息,计算出属性的信息熵,然后转换为评价各个属性重要性的权重,并根据决策模型进行实体的匹配。相对而言,该方法较客观且较容易量化,在一定程度上提高了异构实体匹配过程的自动化程度,但是,因为涉及权重的计算,即牵涉定权问题,这一方面不可避免地存在主观性,相应地,客观性则会受到一定的削弱。

刘东琴等(2005)从空间数据的位置特性这一基本信息着手,利用空间距离这一反映空间物体之间几何上的接近程度的度量,对不同数据库数据之间的关系进行了探讨,指出地理空间数据库中要素之间的关系主要涉及两种,即不同比例尺的同类地理要素(地物实体)数据之间的位置对应相关,以及相同比例尺的不同地理要素之间的位置相关关系,据此提出了基于位置的匹配。就本质而言,该方法还是以距离度量来进行空间目标匹配,其关键步骤同样涉及缓冲区半径等匹配阈值的设定问题,与此同时,其主要适用对象为线目标(如道路等),研究范围比较有限。

为了解决数据库间语义相关的对象识别问题,即在异构数据库间找出语义相关的属性和实体(记录),陈凌等(2006)提出一种基于 BP 神经网络的二步检查法实体匹配新算法,将基于学习的思想引入异构数据库实体匹配领域中,避开了传统方法计算属性权重的问题。从其实验结果来看,该算法能明显提高实体匹配的查准率,有较强的环境动态适应性,可以实现实体匹配的自动化,当然,该文献所研究的实体与地理信息科学领域所研究的实体是有区别的,其所指的实体为数据库记录。

胡云岗(2007)基于目标分解的策略提出了一种基于层次分析的道路匹配方法。该方法将道路数据中的目标间的匹配划分为分解、基本和抽象三个层次,并用来表达不同尺度、不同时态的道路数据之间的对应关系。随后,为了满足缩编更新道路数据的需要,胡云岗等(2010)根据道路数据匹配的特点,在分析了道路数据中线目标间匹配的对应关系后,将路段匹配归纳到路径匹配,通过增加路段端点间的匹配和节点与路段的匹配,然后,借助于缓冲区分析与拓扑关系,建立起了各类目标匹配实现的依赖关系,接着以实现路径匹配的两种形式为主,经过一系列的推断与算法处理,最终完成各目标间的匹配。该匹配方法有着正确率较高,实用性较强,能较好地满足缩编更新道路数据的要求等特点。这种方法主要适用于线目标(如道路)。

郝燕玲(2008)基于人眼综合已有信息来识别同名面目标的思想,提出了基于空间相似性的面目标匹配算法,该算法将面实体作为一个整体来看待,从不同的角度考察面实体之间的相似度。通过选择形状中心点对面目标进行唯一标识来确定位置相似度,用形状描述函数计算形状相似度,由面目标覆盖面积度量面目标尺寸相似度,最后采用加权平均法由面目标的位置、形状、尺寸等特征的相似度来获得总相似度,并确定最终匹配目标。该算法对面实体的考察较全面,主要适用于单个面目标之间的匹配情况,有一定的计算量,算法较复杂,特别是涉及形状描述函数的计算时。另外,由于算法中运用了加权平均,故涉及权重的计算,同样存在定权问题,因此,同样存在一定的主观性,这是定权过程中无法回避的共同局限性。

吴建华等(2008)提出了一种基于自定义空间拓扑关系的空间查询方法来查询当前要素的候选匹配集,通过该方法在缩小空间查询范围的同时减少查询次数,从而提高空间分析的效率;在确定当前要素的同名实体时,提出了基于权重的空间要素相似性计算模型,基于该模型对复杂空间关系下的要素进行匹配并识别同名实体之间的变化信息,在一定程度上提高了匹配准确性。该算法同样涉及定权问题。

章莉萍等(2008)研究了相邻比例尺的居民地要素的变化规律,在此基础上,利用语义对照表、居民地图形的多尺度变化规律和地形图精度,提出了一种新的居民地要素匹配方法。该方法主要针对居民地数据而提出,总结分析了居民地匹配的特点和类型,考虑了居民地数据受尺度变化影响这一因素,几乎能在相邻的两个中比例尺居民地空间目标之间建立所有的匹配关系。这种匹配方法从一个新的视角研究了居民地数据的匹配问题,如普通房屋,高层建筑,这是以往类似研究未涉及的深度。相对于概率统计匹配算法而言,该方法对多对多匹配对应关系具有较好效果。但也存在某些不足之处,如利用缓冲区来寻找候选匹配目标,涉及缓冲半径大小的选择问题。

应申等(2009)根据我国基础地理数据库的当前情况,在基于版本数据库的变化信息提取和更新发布的技术路线中,以道路要素为实验对象,通过分析道路要素具体实体变化情况,提出了一种自上而下的匹配方法,该匹配过程涉及数据库的版本匹配、要素语义匹配、目标级几何匹配和属性匹配等多个步骤,并据此进行变化信息的提取和数据更新。该方法的操作执行顺序与 Badard 提出的自下而上的方法刚好相反,从而在一定程度上解决了自下而上方法存在的问题,如候选集过大,造成变化信息提取的时间较长,执行效率受影响较大,对海量空间数据处理不适用等。

赵东保等(2010)对道路之间存在一对多匹配对应关系的矢量道路网匹配问题进行了研究,指出现有方法中大多数是基于局部寻优策略来寻找匹配道路,局部寻优方法的问题在于难以准确设定权值,且当同名道路存在较大距离偏差又是一对多的对应关系时,很容易出现误匹配,于是提出通过综合利用道路节点和道路弧段的特征信息,改局部寻优策略为全局寻优策略,考虑各种特征指标上相似性的同时也顾及领域要素的匹配情况,建立道路网匹配的最优化模型,并利用概率松弛法求最优解,从而获得道路节点的匹配关系,进而获得道路弧段之间的匹配关系。该方法的优点在于:确保匹配结果全局一致性的同时,匹配准确率较高;对数据的要求和限制较低;避免权值设定的问题。但当道路弧段之间存在多对多的匹配对应关系,或者待匹配地图的要素在参考地图中无匹配要素时,该算法的匹配效果将会受到影响。

在图像的匹配算法方面取得的一些进展,例如,Zhu 等(2007)提出了通过构建三角网约束并利用明确点来改善图像匹配可靠性和精度的匹配方法,即基于三角网约束的图像匹配方法,可直接对建筑物拐角、边界点和主要目标进行匹配,减少了因为遮挡和重复纹理导致的错误匹配,在一定程度上改善了匹配精度。

谭志国等(2007)讨论分析了经典特征向量匹配算法的基本原理和抗噪性能问

题,提出了两种新的点匹配算法,即加权特征向量算法和顺序匹配算法。加权特征向量匹配算法通过对点集距离矩阵进行特征向量分解获得点集中点的特征向量,而后利用特征值对向量进行加权,通过比较点的加权特征向量相似性来获取匹配关系。顺序匹配算法避免了矩阵分解,直接对距离矩阵的距离向量进行排序,通过较有序的向量来获取匹配关系。这两种算法,解决了经典特征向量匹配算法中抗噪性能差和高斯参数选择的两个问题。实验结果表明,算法切实可行。

综上分析发现,在地理信息科学领域,目标匹配、数据更新等方面的研究已经受到越来越多关注,表 5.1 对目前比较典型的目标匹配技术方法进行了归纳总结。

表 5.1　典型目标匹配技术汇总

学者	匹配指标					目标类型		
	空间信息				非空间信息	点	线	面
	几何信息			拓扑信息	语义信息			
	距离	形状	大小					
Lemarie et al	✓					✓		
Deng et al	✓							✓
Jones				✓	✓		✓	
Cobb				✓	✓		✓	
Walter et al		✓	✓	✓			✓	
Sester et al	✓	✓	✓	✓		✓	✓	
Zhang		✓		✓		✓		
Volz		✓	✓	✓			✓	
Rodriguez et al					✓			
Samal et al	✓	✓	✓	✓	✓			
Saalfeld	✓			✓		✓		
Gabay et al	✓						✓	
陈玉敏 等	✓					✓	✓	
张桥平 等		✓		✓		✓		✓
童小华 等						✓	✓	✓
Masuyama								✓
郝燕玲	✓	✓	✓					✓
Badard	✓						✓	
Mantel et al				✓	✓		✓	
Gombosi et al				✓			✓	
胡云岗				✓		✓	✓	
刘东琴 等	✓						✓	
强保华 等								
吴建华 等				✓			✓	✓
章莉萍 等		✓			✓			✓

续表

学者	匹配指标					目标类型		
	空间信息				非空间信息	点	线	面
	几何信息			拓扑信息	语义信息			
	距离	形状	大小					
应申 等		√			√		√	
赵东保 等	√			√			√	
赵彬彬 等	√	√						√
Blasby				√			√	
Kieler et al				√			√	√

3. 存在的主要问题

从已有的研究来看,针对线目标的研究较为集中,重点以道路为研究对象,也有为数不多的针对面状目标的研究。对于矢量地图空间线状目标的匹配方法,按照思路的不同大体可总结为两类:第一类,通常首先根据道路节点之间的距离远近、拓扑结构相似性、所关联弧段等对道路节点进行匹配,然后再根据道路弧段之间的距离、形状、所关联的节点等对道路弧段进行匹配;第二类,直接对道路弧段进行匹配,常见的匹配指标是道路弧段之间的距离度量,如 Hausdorff 距离、L_2 距离(即两条线上相应点之间的距离累计之和(Saalfeld,1988))和 Fréchet 距离等。

从研究范围来看,已有的目标匹配方法及技术所适用的矢量地图比例尺范围较窄,大多数方法集中在相同(或相近)比例尺地图数据之间,明确针对多尺度地图数据的目标匹配方法的研究相对较少。因此,所涉及的匹配目标类型几乎均为同类型的目标,如线目标与线目标之间的匹配,面目标与面目标之间的匹配。同时,所讨论的匹配目标对应关系(即匹配目标之间的数量关系)也较少,多为一对一的匹配对应关系,而事实上,在多尺度地图之间,目标匹配对应关系远没有这么简单,既没有考虑制图综合等对地图目标的影响,也不能彰显多尺度地图之间的联动更新的研究前沿。其中最主要的原因是目前已有的目标匹配方法还不能完全满足复杂的多尺度全要素地图数据更新(从大比例尺到小比例尺,从简单的单个点目标到复杂的面目标群)的需求。

从技术细节来看,大多数的方法存在着不尽如人意的不足或弊端,针对道路网等线状目标的匹配方法主要面临如下一些问题:

(1)权值的设定问题。位置、形状和拓扑等特征信息的重要性如何加以权衡并无定论,存在相当的主观性。例如,当同名目标存在较大距离偏差时,距离较近的未必就一定是匹配目标对,反之,距离较远的也不一定不存在匹配对应关系,当同名目标存在多对多的匹配对应关系时,拓扑结构完全相同的未必就是匹配目标对,相反,拓扑结构不完全相同的也不见得就一定没有匹配对应关系。

(2)全局寻优与局部寻优的问题。除了个别算法(Walter et al,1999;赵东保等,2010)外,大多数方法均是基于局部寻优的策略,即基于这类方法所获得的匹配结果在其阈值范围是最佳的,然而局部最优未必就是全局最优。

同样地,对于面状目标而言,则存在着利用缓冲区寻找候选匹配目标时无法避免地触及缓冲半径大小的选择、距离阈值的确定等问题,Masuyama(2006)、章莉萍等(2008)提出的方法就存在这方面的不足。

相对于多源空间数据集成而言,地图更新中的匹配问题要复杂得多,具体体现在如下方面(表 5.2):

(1)匹配目标对的尺度不同,涉及一定跨度的两个不同比例尺;

(2)匹配目标对的时态不同,否则,无"更新"可言;

(3)匹配目标对的差异可能由观测误差、尺度和实际变化综合引起;

(4)匹配目标对的对应关系繁多,可分为六种类型,即 $1:0$、$0:1$、$1:1$、$N:1$、$1:N$ 和 $N:M$;

(5)因地面目标在不同尺度下的表达形式不同,匹配目标对的类型可能包括六种,从大比例尺到小比例尺:点-点、线-点、线-线、面-点、面-线和面-面。

表 5.2　空间数据集成与地图更新中的匹配差异

项目	空间数据集成	地图更新
比例尺	相同或相近	不同,多个
时态	相同或相近	相同、相近或不同
目标差异来源	观测误差	观测误差、制图综合、实际变化
目标对应关系	较少	较多
目标类型	相同	相同或不同

为此,在多尺度地图更新中,需要综合考虑和利用匹配目标本身的几何、拓扑、语义及匹配目标对之间的各种空间关系等信息来解决复杂的匹配问题(赵彬彬,2011)。

5.1.3　目标匹配技术分类

国内外学者对目标匹配问题进行了深入探讨与研究,提出了许多方法,尽管这些方法在适用对象、技术细节等方面各有侧重,但总体来说可概括归纳为三类(徐枫 等,2009):第一类方法是通过分析不同数据集地物的属性信息,利用语义关联来实现匹配,也称为语义匹配。语义匹配可以通过建立描述不同数据的Ontology,从更抽象层面建立语义之间的对应关系来实现(Kieler et al,2007)。第二类方法是通过分析不同类别数据中地物目标的几何空间特性,如位置、方向、长度、大小等,计算其几何相似度,从而建立同名地物之间的对应关系,也称为几何匹配。第三类方法则是通过分析数据中地物目标的拓扑及与其他地物的空间关系,也称为拓扑匹配。在实际操作中往往需要综合运用语义、几何、拓扑等信息从多个角度进行目标匹配(赵彬彬,2011)。

对于第一类方法,实际上在生产实践中,由于语义匹配在很大程度上依赖于数据模型、属性数据类型及数据完整性等信息,而不同比例尺数据往往缺少唯一标识的属性信息(陈玉敏 等,2007),加之多数空间数据的属性信息不够完备,或者由于说明文件的缺失等导致语义理解困难,因此,这类方法的实用性很低,很多情况下不得不采用几何匹配的方法。

对于第二类方法,即几何匹配,该类方法是研究最多的一类,多用于网络数据(如道路网、水系网)、面状数据(如居民地)的匹配,例如,Volz(2006)、Mustière(2006)、陈玉敏等(2007)、张桥平等(2004)、章莉萍等(2008)、Kieler 等(2007)、Walter 等(1999)提出的方法。这些方法侧重于对具有相同几何类型数据的匹配,即点与点、线与线、面与面之间的匹配,往往只针对某一类特定的数据类别,主要适用于相同(或相近)比例尺地图,而对于多尺度矢量空间数据则显然关注度不够,随着比例尺的变化,由制图综合引起的几何表达和数据内容差异较大,不同比例尺地图中,空间目标的表达形式也各不相同。

几何匹配的主要思想是根据地物几何形状的相似程度进行匹配。如何用一个精确的值描述空间目标之间的几何相似度是几何匹配的关键。依据多尺度矢量空间数据所表达的空间目标的几何特征的变化,可以通过对比点、线、面的距离、大小、方向等进行匹配目标几何相似度计算。由于同名地物在不同比例尺数据中可能以不同的几何类型表达,必要时先进行几何类型转换,再计算几何相似度。考虑坐标与投影信息不一致将导致数据无法叠加进行匹配运算,因此,在进行匹配之前通常需要保证坐标信息的一致性。

考虑同一空间目标在不同比例尺地图中可能呈现出不同的目标类型,本章将从分析空间数据多尺度表达入手,系统地阐述多尺度地图空间目标匹配的技术手段与方法流程,提出较为完整的适用于多尺度矢量空间数据的几何匹配方案。

5.1.4　多尺度地图空间目标匹配分类

如前文所述,从目标匹配过程中采用的判别准则的角度来看,空间目标匹配主要是基于空间目标的几何、拓扑或语义约束来进行的,相应的匹配方法可以分类为几何匹配、拓扑匹配和语义匹配。

尺度是空间数据表达的重要特征,对矢量空间数据而言,尺度往往与比例尺紧密相关(李志林,2005)。不同比例尺矢量数据表达的信息密度差异很大,同时,同一地物在不同比例尺数据中往往具有不同的空间形态、结构和细节。在二维矢量地图空间中,通常包括三种类型的目标,即点、线、面三大类。从参与匹配的多尺度地图空间的目标类型来看,若按"排列组合"计算,空间目标间的匹配类型可以分为(从较大比例尺到较小比例尺对应)点-点、线-点、面-点、线-线、面-线和面-面六种类型,如表 5.3 所示。之所以会出现这种情况,主要原因在于同一个空间目标在不同尺度的地图中的描述方式、表达符号不同导致的。例如,位于湖南省湘西土家族苗族自治州凤凰县的总长不到 200 km 的中国南方长城,它在大比例尺、中比例尺地图中表达为线目标,而在小比例尺中可能仅用名为"中国南方长城"的点目标(景点)表达;又如,一个城镇在中比例尺地图中表达为面目标,而在小比例尺地图中用点目标表达,此时,它们之间的匹配就涉及不同目标类型之间的目标匹配,即线目标与点目标匹配,以及面目标与点目标匹配。

表 5.3　多尺度地图空间目标匹配类型

匹配目标类型	较大比例尺	较小比例尺
点-点	⊗	⊗
线-点	∧	○
面-点	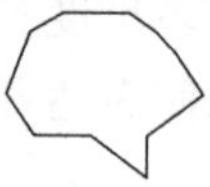	○
线-线		
面-线		
面-面		

§5.2　多尺度地图空间目标匹配模式与策略

理论上,多尺度地图空间点目标匹配类型分为点-点、线-点、面-点、线-线、面-线和面-面六种。在此基础之上,针对上述六种匹配类型中的每一种,又可以按照较大和较小比例尺地图中构成匹配对应关系的目标个数的多少更详细地划分为不同的匹配模式。例如,点-点匹配类型又可细分为:①单个点与单个点(即 1:1 模式);②点群与单个点(即 $N:1$ 模式);③点群与点群(即 $N:M$ 模式)三种。对于生产实践而言,六种匹配类型中,线与点匹配情况出现的概率远低于其他匹配类型,同时线与线匹配类型的研究已经做了很多,因此,下面主要探讨另外几种类型的匹配,其中又以多尺度地图空间面目标之间的匹配问题为重点,以达到在对已有匹配方法进行补充的同时进一步完善多尺度地图空间目标匹配内容的目的。

5.2.1　点目标与点目标匹配

1. 单个点与单个点匹配

在多尺度地图间存在着一定比例的单个点与单个点之间的匹配对应关系的情

况。例如,某个非常重要的控制点(水准点、导线点或 GNSS 点),在不同比例尺的
地图中通常以"某某水准点(或某某导线点等)"的名称进行标注,为此,可利用待匹
配目标的语义作为依据进行语义匹配,如图 5.1 所示,(a)和(b)为同一区域两幅不
同比例尺地图,图中两个点目标其名称标注均为"水准点 O"。语义匹配是指通过
比较候选同名目标的语义(属性)信息的匹配过程。在某些情况下这种匹配方法是
很有效的,又如,若两幅图中的两个点目标的名称属性值均为"码头 P",则这两个
点为一对具有匹配对应关系的同名点目标。

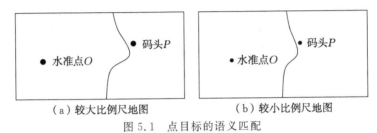

（a）较大比例尺地图　　　　　　（b）较小比例尺地图

图 5.1　点目标的语义匹配

　　语义匹配方法的局限性在于匹配算法在很大程度上依赖于数据模型、属性数
据类型及数据完整性等,因此,这种方法对数据质量的要求较高,在生产实践中的
应用非常有限且不多见。

　　相对于线目标和面目标而言,点目标之间的匹配较为简单,对于单个点目标之
间的匹配,多采用几何匹配的方法。仅就几何特征而言,最直接的方法是比较两个
点的空间位置,对于不同比例尺地图空间的同名点目标,其空间位置应该一致,即
它们的空间坐标应该相同,一般利用位置邻近度来进行匹配,通过计算两点间的欧
氏距离进行。如图 5.2 所示,假设参考点目标和待匹配的点目标分别为 A 和 B,该
两点的平面坐标分别为(x_A,y_A)、(x_B,y_B),则两点间的距离为

$$d_{AB}=\sqrt{(x_B-x_A)^2+(y_B-y_A)^2} \tag{5.1}$$

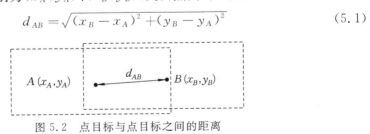

图 5.2　点目标与点目标之间的距离

　　A 和 B 两点之间距离越近,d_{AB} 就越小,匹配的可能性则越大。理论上,若 A、
B 两点为同名点目标,则有 $d_{AB}=0$;反之,若 $d_{AB}=0$,则可以认为 A、B 两点为同名
点目标。考虑测量误差、不同来源及制图综合的影响,在生产实践中,通常取距离
阈值为 ε_d(该阈值的大小视数据质量、误差大小及精度要求等条件而定),当 A、B
两点之间的距离满足 $d_{AB} \leqslant \varepsilon_d$ 时,则 A、B 两点为同名点目标。

2. 基于结构化空间关系信息的节点层次匹配

上述基于语义和几何特征的点目标匹配方法对空间数据质量要求较高,适用于较为理想的应用环境。然而,不同比例尺空间数据集成或更新中的节点匹配问题,因涉及多尺度、异精度等诸多因素,情况显然要复杂得多。为此,本小节首先分析节点的结构特性,并对节点拓扑分类,指出现有描述方法存在的问题,进而阐述基于结构化空间关系的节点层次匹配方法(邓敏 等,2010)。

1)节点拓扑分类

连通度(connectivity degree)是一个用来描述图形拓扑结构的基本拓扑不变量。Zhang 等(2005)利用连通度将节点的拓扑关系分为六种类型,如表 5.4 所示。节点的连通度可以定义为:以该点为中心进行一个小的缓冲,缓冲区的边界与该点直接相连弧段的交点的个数为其连通度。实质上,一个点的连通度即为与该点直接相连的弧段的数目。

表 5.4　基于连通度的节点的类型区分和描述

示例	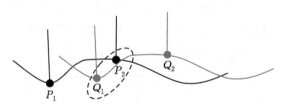					
连通度	1	2	3	4	5	6

但是,在地图目标匹配中,仅仅根据连通度来进行节点匹配,容易发生误配的情况。如图 5.3 所示,若仅根据一定距离范围内候选匹配点的连通度这一指标,那么将误判为 P_2 与 Q_1 匹配。 为了避免这种情形,则需要对上述分类进行扩展,从而更精确地匹配节点。

图 5.3　仅利用连通度指标导致误配的情形

2)节点类型的细化和区分方法

为了避免发生图 5.3 的误配情形,可以通过线目标之间拓扑关系的细化计算方法(陈军 等,2006),利用三条连接边之间的夹角来辅助判定候选匹配节点。如表 5.5 所示,该方法将节点连通度为 3 的类型细分为三种(表 5.5 第二列):①三条连接边之间的夹角都是钝角,即三个夹角都大于 90°;②三条连接边之间的三个夹角中有两个小于 90°;③三条连接边的夹角中存在一个夹角为平角,即等于 180°。但是,在计算节点连接边之间的夹角时,有互为周角的两个角度之分,易产生歧义。为此,本小节利用邻域与连接边的交点连成的三角形类型来区分这三种不同的情形(表 5.5 第三列):①锐角三角形;②钝角三角形;③直角三角形。

表 5.5 节点连通度为 3 的三种情形

图形	三条边之间的夹角	三角形类型	类型
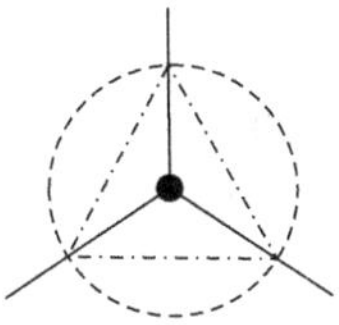	至少有两个角大于 90°	锐角三角形	1
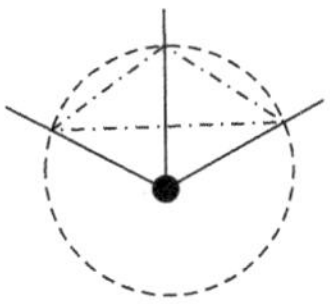	三夹角中有两个小于 90°	钝角三角形	2
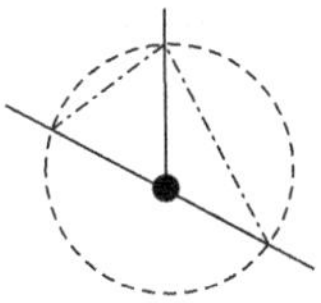	存在一个角为 180°	直角三角形	3

类似地,对于节点连通度为 4 的情况,可以根据交点局部顺序来进行区分,分为两种类型(表 5.6)。对于一个节点 P_i,其局部顺序 $Lo(P_i)$ 定义为:以 P_i 为圆心,以无穷小正数 ε 为半径画一个圆(即邻域),则该圆与两个线目标的交点在圆上的排序即为点 P_i 的局部顺序。

表 5.6 节点连通度为 4 的两种情况

图形	局部顺序 $Lo(P_i)$	类型
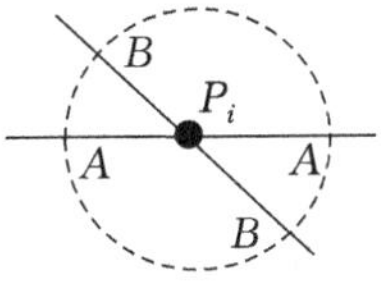	$Lo(P_i) = (A, B, A, B)$	1
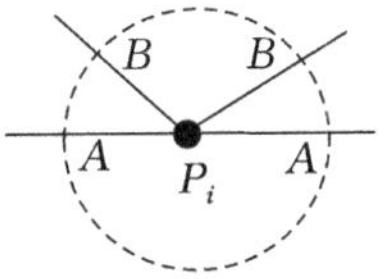	$Lo(P_i) = (A, B, B, A)$	2

根据现有的节点区分及描述方法,仍有可能出现误配的情况。如图 5.4 所示,根据距离约束、连通度约束及角度(或三角形类型)约束,点 P_2 可能与点 Q_1 匹配。事实上,正确的匹配对是 $P_1 \rightarrow Q_1$,$P_2 \rightarrow Q_2$。通过比较 P_2 与 Q_1 可以发现,它们连接的三条弧段中有两条弧段的方向基本一致,而另一条是明显不一致的,因此可判定 P_2 与 Q_1 非同名节点(即表达现实世界中同一地物的节点)。

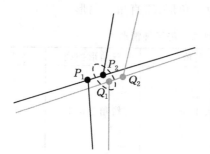

$$Distance(P_2,\ Q_1) \leqslant d_0$$
$$Topo\_Node(P_2) = Topo\_Node(Q_1) = 3$$
$$Triangle\_Type(P_2) = Triangle\_Type(Q_1) = T_3$$

图 5.4　基于距离、连通度和角度约束的错误匹配情形

为此提出一个新的匹配策略——层次匹配策略。首先,定义三种类型空间关系约束:①距离约束,即待匹配点对的距离小于距离阈值;②节点连通度约束(也称拓扑约束),即待匹配节点对的连通度相同或小于给定的差异;③节点连接的对应弧段方向小于给定的差异(也称方向约束)。其次,依次考虑这三类约束,即①→②→③,进行节点层次过滤,达到最终正确匹配的目的。

3)利用距离约束来确定候选匹配点

匹配过程实质上是一个过滤的过程。对于参考数据集(reference data sets)中的一个节点 P_i,首先给定一个距离阈值 d_0,其次在目标数据集(target data sets)中寻找距离阈值范围内的所有节点或顶点,依次记为 Q_{i1}、Q_{i2}……Q_{ij},它们构成候选匹配点集(记为 Ω_{i1})。这里,使用的距离为欧氏距离,满足

$$d(P_i,\ Q_{ij}) = ((x_{P_i} - x_{Q_{ij}})^2 + (y_{P_i} - y_{Q_{ij}})^2)^{1/2} \leqslant d_0 \qquad (5.2)$$

4)利用节点连通度约束来确定候选匹配点

利用连通度约束条件对上述得到的候选匹配点集 Ω_{i1} 进行筛选。由于参考数据集和目标数据集的比例尺、现势性可能不同,导致节点的连通度具有一定的差异。此处定义节点拓扑约束为

$$|Topo\_Node(P_i) - Topo\_Node(Q_{ij})| \leqslant 1 \qquad (5.3)$$

于是,连通度差异不大于 1 的节点为候选匹配点。根据式(5.2)和式(5.3)得到节点 P_i 的候选匹配点集为 Ω_{i2}。

5)利用节点连接弧段方向来确定候选匹配点

为了避免图 5.4 中的错误匹配情形,下面进一步引入节点连接弧段方向约束。首先,对节点弧段的方向进行定义。方向描述可以分为定性和定量两种。定性描述有 4 方向(东、南、西、北)、8 方向(如东南方向)或 16 方向(如东南南方向)。而定量描述则通常用方位角表示,即以正北方向为零指向,按顺时针方向依次递增,取值于 $[0°, 360°)$。为提高节点匹配精度,本小节采用定量描述,并以参考节点(或候选匹配节点)为起点,来表达由参考节点指向候选匹配节点的连接弧段的指向(即方向)。于是,可以定义相应的连接弧段的需满足的方向约束为

$$|Dir(P_i^k - Q_{ij}^k)| \leqslant \delta_0 \tag{5.4}$$

式中，k 为第 k 个相应的连接弧段，δ_0 通常取 15°。如果 P_i 和 Q_{ij} 所有相应的连接弧段的方向都满足式(5.4)，则认为 P_i 和 Q_{ij} 是一对匹配节点。

　　综上所述，可以将基于结构化空间关系信息的节点层次匹配过程描述为：① 通过创建缓冲区(距离约束)搜寻可能存在匹配对应关系的节点对，获得候选匹配节点集合 Ω_{i1}；② 进行拓扑分析，在寻找到的匹配节点对中分析这些点目标的节点连通度，剔除拓扑不一致的错误候选匹配节点，从而获得候选匹配节点集合 Ω_{i2}；③进行定量方向判断，即比较节点连接弧段的方位角的大小差异是否在阈值（如 15°）范围内，最终筛选得到精确的匹配结果，具体流程如图 5.5 所示(邓敏 等，2010)。

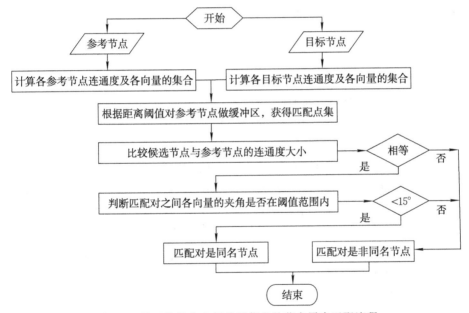

图 5.5　基于结构化空间关系信息的节点层次匹配流程

3. 点群与单个点匹配

　　点群与单个点匹配类型的出现主要是由于多尺度表达、制图综合操作影响的原因，从而导致较大比例尺地图中多个点目标(即点群)对应较小比例尺地图中的一个点目标(即单个点)。例如，南岳衡山景区内包含多个供游人参观游玩的景点(如望月台、黄帝岩和忠烈祠等)。在较大比例尺地图中，这些景点通常表达为以"某某景点"标注的点目标，而在较小比例尺地图中，表达景点的多个点目标往往综合表达为"南岳衡山景区"一个点目标，匹配时即出现较大比例尺地图中的多个点目标与较小比例尺地图中的一个点目标对应的匹配类型，可综合运用几何匹配和语义匹配方法进行。

匹配之前需要按照点目标的语义、属性特征对点目标进行主题划分处理,即不同性质的点目标分属不同主题。例如,导线点、高程点为控制点主题,景点点目标为旅游主题。

以景点点目标为例,如图 5.6 所示,(a)和(b)分别为同一区域两幅不同比例尺地图,其中(a)图比例尺较大,(b)图比例尺较小。首先,依据景区范围将(a)图中同一景区的多个点目标归为一类;然后,对这些同一景区的点目标做最小凸包处理,计算出其最小凸包,如(a)图中的多边形 H;最后,搜寻较小比例尺地图中包含于该多边形 H 中的点目标,得到匹配点目标,从而完成点群 - 单个点目标的匹配。

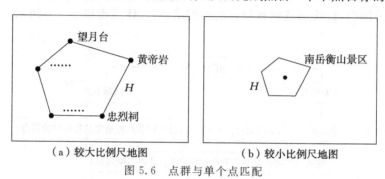

（a）较大比例尺地图　　　　　　　（b）较小比例尺地图

图 5.6　点群与单个点匹配

4. 点群与点群匹配

点群与点群匹配情况的出现受制图综合操作算子(如 Typification、Simplification 等算子)作用的影响较大。这种匹配类型的点目标匹配过程可采用类似点群-单个点目标的匹配方法进行。匹配之前同样按照点目标的语义、属性特征对点目标进行分主题处理。

如图 5.7 所示,(a)和(b)分别为同一区域两幅不同比例尺地图,其中(a)图比例尺较大,(b)图比例尺较小。首先,将(a)图中同一区域的多个点目标归为一类;然后,对这些点目标做最小凸包处理,计算其最小凸包,如图(a)中的多边形 H;最后,搜寻较小比例尺地图中包含于该多边形 H 中的点目标,得到匹配点目标,如图(b)所示,利用点群的最小凸包代表点群,考查两凸包的重叠度大小,从而完成点群与点群匹配。

5.2.2　面目标与点目标匹配

通常,面状地物在地图中以面目标的形式表达,其前提条件是该面状地物的面积不小于该比例尺地图所能表达的最小尺寸;个别情况下,若该面状地物的面积大小比地图比例尺所能表达的最小尺寸小,又需要在地图上表示时,则可用点目标表达,其前提条件是该面状地物具有特殊性质(或意义)。此时,若将以面目标表达面状地物的地图与以点目标表达面状地物的地图进行匹配则为面目标与点目标匹配的类型。由于其特殊性,此处仅做简要分析与探讨。参照点群-单个点匹配的过程,如图 5.8 所示,某面状地物 M,在较大比例尺地图(a)中表达为面目标 M,在较小比例尺地图(b)中以其质心表示,即点目标 M',由图可知,面目标 M 和点目标 M' 两者存在包含与被包含关系。因此,可依据面与点之间的空间关系进行匹配。匹配时,首先将两幅比例尺不同的地图叠加,搜寻较小比例尺地图中被包含于较大比例尺地图中面目标之中的点目标,进一步地比较两者的语义等信息,从而确定匹配对应关系。

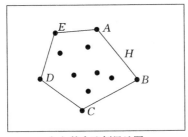

| (a)较大比例尺地图 | (b)较小比例尺地图 |

图 5.7 点群与点群匹配

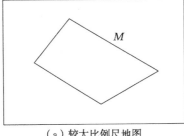

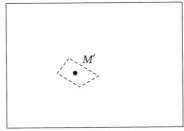

| (a)较大比例尺地图 | (b)较小比例尺地图 |

图 5.8 面目标与点目标匹配

5.2.3 面目标与线目标匹配

河流和道路这两类重要地物的共性在于同一地物(河流或道路)在大比例尺地图中多呈条带状的面目标,在中比例尺地图中可能部分呈面状部分呈线状,在小比例尺地图中则可能表达为线目标。

如图 5.9 所示,(a)中表达的是较大比例尺地图中的面状河流及其支流,支流曲折明显,且随水面宽度变化,表达详细;(b)为同一河流在中比例尺地图中的表达,其支流的曲折、宽度等不如(a)中明显、详细;(c)为同一河流在较小比例尺地图中的表达,从中可以看到,其支流的表达不再是面状,而是线状。此时,若将(a)中的支流与(c)中的支流进行匹配,则属于面目标与线目标之间的匹配(类似情形也出现在道路地物的匹配过程中)。

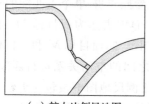
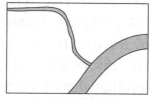
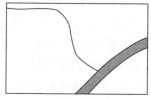

　　（a）较大比例尺地图　　　　　（b）中比例尺地图　　　　　（c）较小比例尺地图

图 5.9　河流在不同比例尺地图中的不同表达

1. 面目标与线目标匹配模式

　　考虑较大比例尺和较小比例尺中待匹配面目标是否有与之对应的同名线目标及匹配目标对所包含的目标个数的不同，多尺度地图空间中面目标与线目标之间的匹配又主要细分为 $1:0$、$1:1$、$0:1$、$1:M$、$N:1$ 和 $N:M$ 六种不同的匹配模式，如表 5.7 所示，其中：

　　（1）$1:0$ 模式——较大比例尺地图中的面目标在较小比例尺地图中无对应线目标；

　　（2）$1:1$ 模式——较大比例尺地图中一个面目标对应于较小比例尺地图中一个线目标；

　　（3）$0:1$ 模式——较小比例尺地图中的线目标在较大比例尺地图中无对应面目标；

　　（4）$1:M$ 模式——较大比例尺地图中一个面目标对应较小比例尺地图中 M 个线目标；

　　（5）$N:1$ 模式——较大比例尺地图中 N 个面目标对应于较小比例尺地图中一个线目标；

　　（6）$N:M$ 模式——较大比例尺地图中 N 个面目标对应于较小比例尺地图中 M 个线目标。

　　上述匹配模式不仅反映了不同时段地面上河流（或道路等）地物在不同比例尺地图中的表达形式的差异，目标数目的变化，也表达了在由较大比例尺地图综合派生较小比例尺地图的操作过程中两种不同比例尺地图中不同类型目标之间的对应关系。如表 5.7 中的 $1:0$ 匹配模式，反映的是较大比例尺地图中，某段以面目标表达的河流在较小比例尺地图中没有与之对应的目标。原因来自两方面：①该段面状河流在现势性较好的较大比例尺地图中新出现（如干涸的河床再次出现水流），故在现势性较差的较小比例尺地图中无对应线目标；②该面目标并非新出现目标，但其尺寸小于较小比例尺地图所能表达的最小值，制图综合时被"舍弃"掉，这种情况较多出现于由较大比例尺地图综合派生较小比例尺地图过程中。

表 5.7 多尺度地图中面目标与线目标匹配模式

匹配模式	较大比例尺	较小比例尺
1 : 0		
1 : 1		
0 : 1		
1 : M		
N : 1		
N : M		

2. 面目标与线目标匹配策略

首先说明匹配过程中使用到的各个集合符号及其构成元素的含义,如图 5.10 所示,假设将已更新较大比例尺地图中的面目标集记为 $A\{\cdot\}$,如图 5.10(a) 中的目标 1 和 2,待更新较小比例尺地图中的线目标集记为集合 $L\{\cdot\}$,如图 5.10(b) 中的目标 1 和 2,设集合 $\Omega\{\cdot\}$、$\Phi\{\cdot\}$ 分别表示存在匹配对应关系的较大比例尺面目标和较小比例尺线目标,$\Omega\{\cdot\}$ 取值为图 5.10(a) 中的目标 1;而 $\Phi\{\cdot\}$ 则取值为图 5.10(b) 中的目标 1 和 2。$CandA\{\cdot\}$、$CandL\{\cdot\}$ 分别表示较大比例尺目标中的候选匹配集和较小比例尺目标中的候选匹配集,两者的取值分别为图 5.10(a) 中的目标 1,以及图 5.10(b) 中的目标 1 和 2。

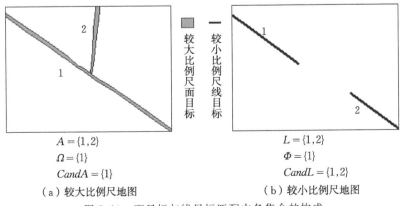

$A = \{1,2\}$
$\Omega = \{1\}$
$CandA = \{1\}$
（a）较大比例尺地图

$L = \{1,2\}$
$\Phi = \{1\}$
$CandL = \{1,2\}$
（b）较小比例尺地图

图 5.10 面目标与线目标匹配中各集合的构成

此处以水系数据(即河流对象)为例,阐述上述各种模式的不同比例尺地图空间面目标与线目标之间的匹配过程。匹配之前需根据实际情况对要匹配的数据进行预处理,主要目的是去除粗差、统一投影或坐标系等,然后将较大比例尺地图面目标与较小比例尺地图线目标叠加。具体匹配过程如下(图 5.11):

(1)清空集合 $\Omega\{\cdot\}$、$\Phi\{\cdot\}$、$CandA\{\cdot\}$ 和 $CandL\{\cdot\}$,从集合 $L\{\cdot\}$ 中取一线目标 l_j,将 l_j 加入集合 $\Phi\{\cdot\}$ 中。

(2)获取集合 $\Phi\{\cdot\}$ 中新增线目标 l_j 的最小外接矩形(minimum bounding rectangle,MBR),将与该 MBR 相交的集合 $A\{\cdot\}$ 中的面目标加入集合 $CandA\{\cdot\}$ 中,从而构建线目标 l_j 的候选匹配集 $CandA\{\cdot\}$。假设 $Card(\cdot)$ 为求集合元素数的函数,令 $Card(\Omega)=N$,$Card(\Phi)=M$,若 $Card(CandA)=0$,则应用如下规则对匹配模式(T_M)进行判断并确定匹配目标对(M_O)。

规则 A:若 $N=0$ 且 $M=1$,则 T_M 为 $0:1$,M_O 为 $\varnothing:l_j$。

若 $Card(CandA) \neq 0$,则遍历集合 $CandA$,将其中所有与 l_j 相交的 a_k 加入集合 $\Omega\{\cdot\}$ 中。

(3)遍历集合 $\Omega\{\cdot\}$ 中的面目标 A_m,求面目标 A_m 的主轴中心线方向,若该中心线方向与线目标 l_j 的方向差值小于阈值 ε_{Dir},则获取 A_m 的 MBR,将集合 $L\{\cdot\}$ 中与该 MBR 相交的线目标加入集合 $CandL\{\cdot\}$ 中,以此构建 A_m 的候选匹配集 $CandL\{\cdot\}$。遍历集合 $CandL\{\cdot\}$ 中的线目标 l_n,判断 A_m 与 l_n 是否相交,若相交,且 $l_n \notin \Phi\{\cdot\}$,则将 l_n 加入集合 $\Phi\{\cdot\}$ 中。

(4)重复步骤(2),遍历集合 $\Phi\{\cdot\}$ 中的新增线目标。

规则 B:若 $N=1$ 且 $M=1$,则 T_M 为 $1:1$,M_O 为 $a_k:l_j$。

规则 C:若 $N=1$ 且 $M>1$,则 T_M 为 $1:M$,M_O 为 $a_k:\Phi\{\cdot\}$。

规则 D:若 $N>1$ 且 $M=1$,且 $\Phi\{\cdot\}$ 中线目标的长度与 $\Omega\{\cdot\}$ 中各面目标中心线长度之和的差值小于阈值,则集合 Ω 与 Φ 之间的匹配模式 T_M 为 $N:1$,匹配目标对 M_O 为 $\Omega\{\cdot\}:\Phi\{\cdot\}$,否则,$\Omega$ 与 Φ 之间为 $1:1$ 的匹配对应关系,M_O 为 $A_{max}:l_j$(A_{max} 为集合 $\Omega\{\cdot\}$ 中主轴中心线长度与 l_j 差异最小的面目标),如图 5.12 所示。

规则 E:若 $N>1$ 且 $M>1$,则集合 Ω 与 Φ 之间的匹配模式 T_M 为 $N:M$,匹配目标对 M_O 为 $\Omega\{\cdot\}:\Phi\{\cdot\}$。

(5)重复步骤(1),直到遍历集合 $L\{\cdot\}$ 中的每个较小比例尺线目标为止,最后,较大比例尺地图中未配对的其余面目标,其 T_M 为 $1:0$,M_O 为 $a_k:\varnothing$。

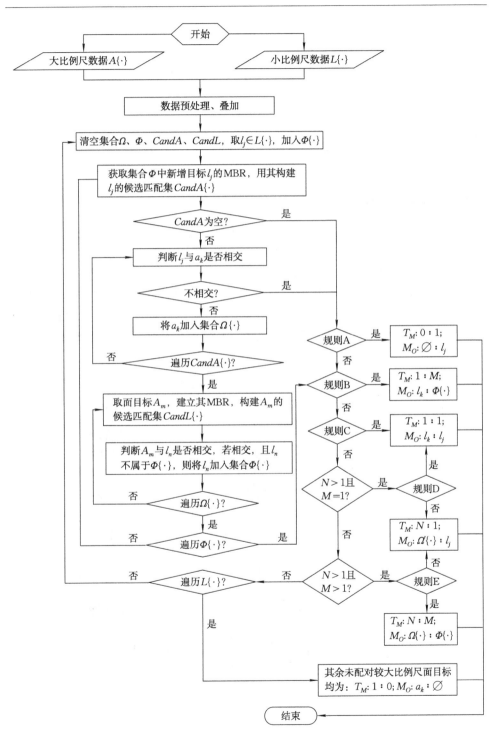

图 5.11　面目标与线目标匹配流程

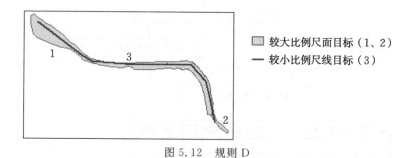

图 5.12　规则 D

5.2.4　面目标与面目标匹配

由于常见的许多地物（如建筑物、湖泊等）均呈面状，矢量地图中面目标又占有很大比重，所以，面目标与面目标匹配问题为研究重点。

1. 面目标与面目标匹配模式

顾及较大比例尺和较小比例尺中待匹配面目标是否有与之对应的同名面目标及匹配面目标对所包含的目标个数的差异，多尺度地图空间中面目标之间的匹配又可以细分为 1∶0、1∶1、0∶1、1∶M、N∶1 和 N∶M 六种不同的匹配模式，如表 5.8 所示。

表 5.8　多尺度面目标匹配模式

匹配模式	较大比例尺	较小比例尺
1∶0		
1∶1		
0∶1		
1∶M		
N∶1		
N∶M		

表 5.8 中：

(1)1∶0 模式——较大比例尺地图中面目标无对应的较小比例尺地图面目标；

(2)1∶1 模式——较大比例尺地图中一个面目标对应于较小比例尺地图中

一个面目标；

(3) 0∶1 模式——较小比例尺地图中面目标无对应的较大比例尺地图面目标；

(4) 1∶M 模式——较大比例尺地图中一个面目标对应于较小比例尺地图中多个面目标；

(5) N∶1 模式——较大比例尺地图中多个面目标对应于较小比例尺地图中一个面目标；

(6) N∶M 模式——较大比例尺地图中多个面目标对应于较小比例尺地图中多个面目标。

这六种匹配模式不仅反映了不同时段地面上面目标数目的变化，也表达了制图综合操作过程中较大比例尺地图目标与较小比例尺地图目标之间的对应关系。例如表 5.8 中的 1∶0 匹配模式，反映了较大比例尺地图中某个面目标无与之对应的较小比例尺地图面目标，有两种可能：①该面目标在现势性较好的较大比例尺地图中是新出现的（如新建房屋）；②该面目标非新出现目标，但其面积小于较小比例尺地图所能表达的最小面目标，这种情况在地图制图综合中出现较多。居民地是一类重要的地物要素，也是地形图中典型的面目标，而且其变化非常频繁，因此本章主要以居民地数据为研究和实验对象。下面详细叙述上述六种不同模式的多尺度面目标的匹配过程。

2. 面目标与面目标匹配策略

1）数据处理

由于不同比例尺地图所采用的坐标系统和单位可能不同，而进行目标匹配的前提条件是必须将不同比例尺地图统一到同一坐标系统中，因此，在进行面目标匹配操作之前，首先需根据实际情况对要匹配的数据进行预处理，其目的在于统一不同来源、不同比例尺数据的坐标系统并去除粗差（Masuyama，2006），然后，将较大比例尺数据和较小比例尺数据叠置，为构建候选匹配集做准备。

在空间分析中，常用的一种手段是缓冲区分析。缓冲区是指为了识别某地理实体或空间目标对其周围的邻近性或影响度而在其周围建立的具有一定宽度的带状区，而所谓缓冲区分析则是指根据地图数据中的点、线、面目标，在其周围建立一定宽度范围的缓冲区多边形并加以分析应用的过程。缓冲区分析是用来确定不同地理要素的空间邻近性和邻近程度的一类重要的空间操作。因此，在建立缓冲区、进行缓冲分析之前先得设定一个缓冲半径值，缓冲区半径大小的选择至关重要，这也是缓冲区分析中最受人诟病之处。通常，针对不同的数据、对象或区域，目标与目标之间的距离往往千差万别，无规律可循，所用的缓冲区半径也不相同，即使对于同一个城市内部的面状地物而言，不同的区域，局部地物之间的稀疏与密集程度也各不相同。在对缓冲区半径大小设置时往往需要先对样本数据进行实验，以获得参考依据。半径阈值选择过大,则实际无匹配对应关系的目标数就越多,相应的计算量越大,效率也越低;相反,半径阈值选择过小,虽然在一定程度上可以降低计算量,提高效率,但出现漏匹配的可能性也越大。因此,此处采用最小外接矩形取代缓冲区来进行候选匹配集的构建。这样做的好处在于:①相对于缓冲区而言,最小外接矩形本身的计算较简单,执行效率也相应较高;②采用最小外接矩形有效地避免了缓冲区半径阈值的选择问题。

考虑最小外接矩形的特点,即存在构建的候选匹配集过大的问题,为此,此处利用第 3 章中所述的原理与方法对较大比例尺和较小比例尺数据建立相同深度级别的层次索引,例如,均以 block(街区)为最小层级单元(具体划分单元的大小视较大尺度地图的比例尺大小而定),基于层次索引构建一个最粗糙的候选匹配集,即利用索引起到粗匹配的作用,也就是说,通过检查面目标的索引编号将可能被最小外接矩形包括进来但明确不存在匹配对应关系的面目标剔除。

如图 5.13 所示,对(a)中的较小比例尺面目标 O(虚线面目标)做最小外接矩形得(b)中 MBR(实线矩形),由于该面目标 O 的形状比较特殊(两头大,中间小,形似哑铃),导致其 MBR 与较小比例尺面目标 O 本身在形状和大小方面差异较大。该 MBR 相当于面目标 O 的两倍大小,若直接用该 MBR 搜寻较大比例尺地图中的候选面目标,则会出现(b)中的情况,即通过该最小外接矩形获得的较大比例尺地图中的候选面目标集由分别属于三个不同街区的面目标构成(即 block$A$、block$B$ 和 block$C$),而实际上与该较小比例尺面目标 O 匹配的应该是与其具有相同索引编码(即索引编码为 block$A$)的灰色的较大比例尺面目标,也就是说最小外接矩形有可能存在将候选匹配集扩大化的趋势,如图 5.13(a)所示,即位于较小比例尺面目标西南方向的索引编码为 block$B$ 和位于其东北方向的索引编码为 block$C$ 的较大比例尺面目标也被纳入了候选匹配集,而这些面目标(共计 10 个)显然与待匹配面目标不是同名面目标。通过索引主要起到两方面的作用:①在一定程度上克服了最小外接矩形的不足(外接矩形与目标本身之间不具有形状相关性);②起到粗略匹配的作用,有助于减少空间运算量,提高执行效率,缩小搜寻范围,从而达到对候选匹配集进行优化的目的。

下面先说明匹配过程中使用到的各个集合符号及其构成元素的含义,如图 5.14 所示,假设将较大、较小比例尺地图中的面目标集分别记为集合 $U\{\cdot\}$(如图 5.14(a)中的目标 1、2、3、4 和 5)和 $V\{\cdot\}$(如图 5.14(b)中的目标 1、2 和 3),设集合 $\Omega\{\cdot\}$、$\Phi\{\cdot\}$ 分别表示存在匹配对应关系的较大比例尺面目标和较小比例尺面目标,$\Omega\{\cdot\}$ 取值为图 5.14(a)中的目标 4 和 5;而 $\Phi\{\cdot\}$ 则取值为图 5.14(b)中的目标 3。$CandU\{\cdot\}$、$CandV\{\cdot\}$ 分别表示较大比例尺目标中的候选匹配集和较小比例尺目标中的候选匹配集,两者的取值分别为图 5.14(a)中的目标 3、4 和 5,以及图 5.14(b)中的目标 3。

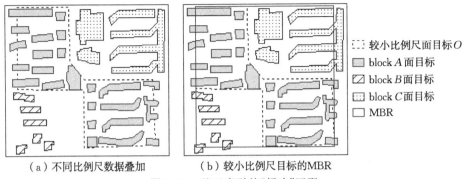

（a）不同比例尺数据叠加　　　　（b）较小比例尺目标的MBR

图 5.13　基于索引的"粗略"匹配

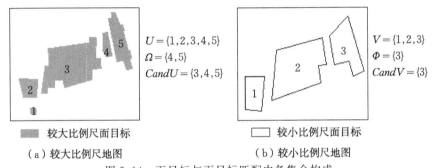

（a）较大比例尺地图　　　　　　（b）较小比例尺地图

图 5.14　面目标与面目标匹配中各集合构成

2）规则分析

详细匹配流程如图 5.15 所示，对数据进行预处理后，将现势性强的较大比例尺地图与现势性弱的较小比例尺地图叠置，匹配流程如下：

（1）清空集合 $\Omega\{\cdot\}$、$\Phi\{\cdot\}$、$CandU\{\cdot\}$ 和 $CandV\{\cdot\}$，取集合 $V\{\cdot\}$ 中的一面目标 v_j，将 v_j 加入集合 $\Phi\{\cdot\}$ 中。

（2）获取集合 $\Phi\{\cdot\}$ 中新增面目标 v_j 的最小外接矩形，将与该 MBR 相交的集合 $U\{\cdot\}$ 中的面目标加入集合 $CandU\{\cdot\}$ 中，从而构建 v_j 的候选匹配集 $CandU\{\cdot\}$，如上一小节所述，利用索引编码对该候选匹配集进行优化。设 $Card(\cdot)$ 为求集合元素数的函数，令 $Card(\Omega)=N$，$Card(\Phi)=M$，若 $Card(CandU)=0$，则应用如下规则对匹配模式（T_M）进行判断并确定匹配目标对（M_O）。

规则 1：若 $N=0$ 且 $M=1$，则 T_M 为 $0:1$，M_O 为 $\varnothing:v_j$。

若 $Card(CandU)\neq 0$，则遍历集合 $CandU$，将其中所有与 v_j 相交的 u_k 加入集合 $\Omega\{\cdot\}$。

（3）遍历集合 $\Omega\{\cdot\}$ 中的面目标 U_M，获取 U_M 的 MBR，将与该 MBR 相交的集合 $V\{\cdot\}$ 中的面目标加入集合 $CandV\{\cdot\}$ 中，从而构建 U_M 的候选匹配集 $CandV\{\cdot\}$，类似地，利用索引编码对该候选匹配集进行优化。遍历集合

$CandV\{\cdot\}$ 中的面目标 v_n,求 U_M 与 v_n 的交集,若交集非空,且 $v_n \notin \Phi\{\cdot\}$,则将 v_n 加入集合 $\Phi\{\cdot\}$ 中。

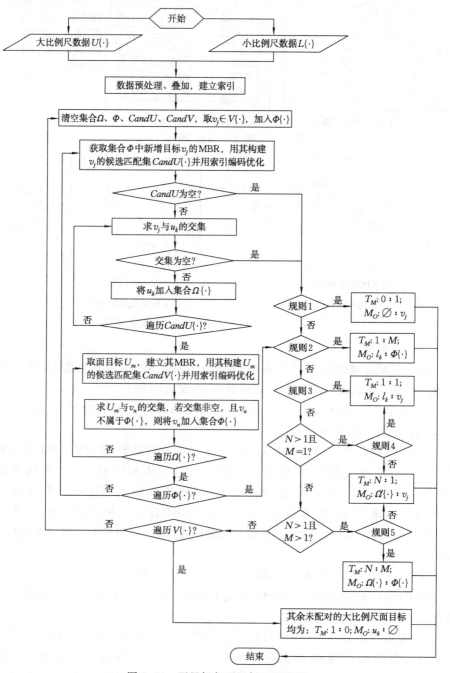

图 5.15　面目标与面目标匹配流程

（4）重复步骤（2），遍历集合 $\Phi\{\cdot\}$ 中的新增面目标。

规则 2：若 $N=1$ 且 $M=1$，则 T_M 为 $1:1$，M_O 为 $u_k:v_j$。

规则 3：若 $N=1$ 且 $M>1$，则 T_M 为 $1:M$，M_O 为 $u_k:\Phi\{\cdot\}$。

规则 4：若 $N>1$ 且 $M=1$，且 $\Phi\{\cdot\}$ 中面目标与 $\Omega\{\cdot\}$ 中各面目标的重叠度均大于阈值，则集合 Ω 与 Φ 之间 T_M 为 $N:1$，M_O 为 $\Omega\{\cdot\}:\Phi\{\cdot\}$，否则，$\Omega$ 与 Φ 为 $1:1$ 对应关系，M_O 为 $U_{max}:v_j$（U_{max} 为集合 $\Omega\{\cdot\}$ 中与 v_j 面积重叠度最大的面目标），如图 5.16 所示。

规则 5：若 $N>1$ 且 $M>1$，且 $\Phi\{\cdot\}$ 中各面目标在距离、形状、大小、方向上相似度大于阈值，则集合 Ω 与 Φ 之间 T_M 为 $N:M$，M_O 为 $\Omega\{\cdot\}:\Phi\{\cdot\}$，否则，$\Omega$ 与 Φ 之间为多个 $N:1$ 的匹配对应关系，其中与多个小比例尺面目标存在交集的大比例尺面目标的匹配归属应视其与各小比例尺面目标的重叠度大小而定。

较小比例尺面目标
较大比例尺面目标

图 5.16　规则 4

（5）重复步骤（1），直到遍历集合 $V\{\cdot\}$ 中的每个较小比例尺面目标为止，最后，较大比例尺地图中未配对的其余面目标，其 T_M 为 $1:0$，M_O 为 $u_k:\varnothing$。

如图 5.17 所示，经过上述匹配分析可知，此处 $N>1$ 且 $M>1$，判断得其匹配模式为 $N:M$，然而此处事实上为两个 $N:1$ 匹配的情况，而不是一个 $N:M$，进一步地，由规则 5 判断可得其正确匹配模式。

较小比例尺面目标
较大比例尺面目标

图 5.17　规则 5

§5.3　实验分析

为了检验上述多尺度地图空间目标匹配模式与策略（包括面目标-线目标匹配和面目标-面目标匹配）的效果，本小节对实验区数据分别进行相关实验，其中实验一为面目标-线目标匹配实验，实验二和实验三为面目标-面目标匹配实验。

5.3.1　实验一

根据 5.2.1 小节的节点层次匹配策略，本小节阐述基于结构化空间关系信息的节点匹配实验。如图 5.18 所示,将参考节点和目标节点叠加,并根据所提出的节点匹配算法,得到的匹配结果如图 5.19 所示。

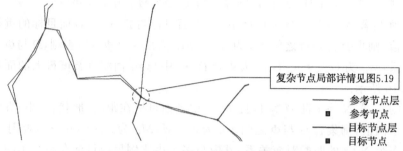

图 5.18　参考节点与目标节点图层叠加

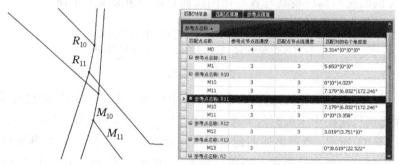

图 5.19　基于结构化空间关系信息的节点匹配结果

　　下面以节点目标 R_{11} 为例,详细分析其匹配过程,如表 5.9 所示,由距离约束获得节点目标 R_{11} 的可能匹配对象为 M_{10} 和 M_{11},进而依次分析参考节点目标和候选匹配节点目标的节点类型,均是连通度为 3 的第三种类型,进一步分析节点的各向量方向,由于 R_{11} 与 M_{10} 之间存在一个向量夹角为 $172.246°$(图 5.19),大于阈值 $15°$,而 R_{11} 与 M_{10} 所有向量夹角都在阈值范围内,故节点 R_{11} 与节点 M_{11} 匹配(在实验结果中显示的 $7.179°|6.832°|172.246°$ 分别表示三个向量的夹角之差)。

表 5.9　节点层次匹配方法示例

节点	节点类型	节点连通度	节点的各向量方向	匹配结果
R_{11}	Topo_Node(R_{11}) = 3;riangle_Type(R_{11}) = T_3	3		
M_{10}	Topo_Node(M_{10}) = 3;riangle_Type(M_{10}) = T_3	3	R_{11} 与 M_{10} 存在一个向量夹角为 $178°$,大于阈值 $15°$	R_{11} 与 M_{10} 不匹配
M_{11}	Topo_Node(M_{11}) = 3;riangle_Type(M_{11}) = T_3	3	R_{11} 与 M_{11} 所有向量夹角都在阈值范围内	R_{11} 与 M_{11} 匹配

5.3.2　实验二

　　实验二以比例尺分别为 1∶10 000 和 1∶50 000 的两种不同比例尺的水系数

据作为实验对象,其中 1：10 000 比例尺地图中数据为面状水系,而 1：50 000 比例尺地图中数据为线状水系。

如图 5.20 所示,图中(a)和(b)分别为实验区 1：10 000 面状水系目标和 1：50 000 线状水系目标数据。比例尺为 1：10 000 的数据中共 67 个面目标,比例尺为 1：50 000 的数据中共 15 个线目标,如表 5.10 所示。

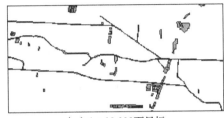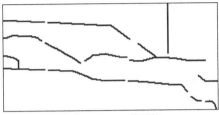

　　　(a)1：10 000面目标　　　　　　　　　　　(b)1：50 000线目标

图 5.20　1：10 000 面目标与 1：50 000 线目标匹配实验

表 5.10　1：10 000 面目标与 1：50 000 线目标匹配实验数据统计信息

比例尺	目标类型	目标数
1：10 000	面目标	67
1：50 000	线目标	15

经过对上述流程匹配实验的结果进行统计可以看出(表 5.11),该实验区中共包含了四种模式的匹配目标对,包括 1：0、0：1、1：M 和 N：M 模式,另外两种模式(即 1：1 和 N：1)未出现。各匹配模式的目标对分别如下:

(1)比例尺为 1：10 000 的地图数据中有 64 个面目标没有 1：50 000 比例尺的线目标与之对应,属于 1：0 匹配模式;

(2)比例尺为 1：50 000 的地图数据中有 2 个线目标没有 1：10 000 比例尺的面目标与之对应,属于 0：1 匹配模式;

(3)比例尺为 1：10 000 的地图数据中有 1 个面目标对应于 6 个 1：50 000 比例尺的线目标,属于 1：M 匹配模式;

(4)比例尺为 1：10 000 的地图数据中有 2 个面目标对应于 7 个 1：50 000 比例尺的线目标,属于 N：M 匹配模式。

表 5.11　1：10 000 面目标与 1：50 000 线目标匹配实验结果统计

匹配模式	固有数	匹配数	准确率/%
1：0	64	64	100
0：1	2	2	100
1：M	1	1	100
N：M	1	1	100

经比对判断,从匹配结果来看,效果良好,达到了预期的目标(六种匹配模式的准确率均为100%),即建立了该实验区中两种不同现势性不同比例尺地图空间的同名目标(1∶10 000比例尺面目标与1∶50 000比例尺线目标)之间的对应关系,也证明了上述匹配方法对较大比例尺地图面目标和较小比例尺地图线目标进行匹配的可行性和可靠性。

5.3.3 实验三

实验三以比例尺分别为1∶10 000和1∶50 000的两种不同尺度的居民地数据作为实验对象。

如图5.21所示,图中(a)和(b)分别为实验区1∶10 000和1∶50 000比例尺居民地数据。两者中的目标类型均为面目标,其中比例尺为1∶10 000的居民地数据包含的面目标数为1 474,而比例尺为1∶50 000的居民地数据中的面目标共计42个,如表5.12所示。

(a) 1∶10 000   (b) 1∶50 000

图5.21 1∶10 000与1∶50 000居民地目标匹配实验

表5.12 1∶10 000与1∶50 000居民地目标匹配实验数据统计信息

比例尺	目标类型	目标数
1∶10 000	面目标	1 474
1∶50 000	面目标	42

经过对上述流程匹配实验的结果进行统计可以看出(表5.13),该实验区共包含了三种模式的匹配目标对,即1∶0、1∶1和N∶1模式,另外三种模式(0∶1、1∶M和N∶M)未出现。各匹配模式的目标对分别如下:

(1)比例尺为1∶10 000的地图数据中原本有6个面目标无1∶50 000比例尺的面目标与之对应,属于1∶0匹配模式,其中有5个通过上述方法得到正确匹配,准确率为83.3%;

(2)比例尺为1∶10 000的地图数据中仅有1个面目标有1∶50 000比例尺的1个面目标与之对应,属于1∶1匹配模式;

(3)比例尺为1∶10 000的地图数据中各有多个面目标分别对应于1∶50 000

比例尺的 41 个面目标,这 41 个面目标匹配对均属于 $N:1$ 匹配模式。

表 5.13 1：10 000 与 1：50 000 居民地目标匹配实验结果统计

匹配模式	固有数	规则匹配数	准确率/%
1：0	6	5	83.3
1：1	1	1	100
N：1	41	41	100

经比对判断,从匹配结果来看,效果较好(六种匹配模式的面目标对中,除 1：0 匹配模式的准确率为 83.3% 外,其余五种匹配模式的准确率均为 100%),达到了预期的目标,即建立了该实验区中两种不同现势性不同比例尺地图空间的同名目标(1：10 000 比例尺面目标与 1：50 000 比例尺面目标)之间的对应关系。

5.3.4 实验四

实验四以比例尺分别为 1：2 000 和 1：10 000 的两种不同比例尺的居民地数据作为实验对象。如图 5.22 所示,图中(a)和(b)分别为实验区 1：2 000 和 1：10 000 比例尺居民地数据。两者中的目标类型同样均为面目标,其中比例尺为 1：2 000 的居民地数据包含的面目标数为 732,而比例尺为 1：10 000 的居民地数据中的面目标共计 181 个,如表 5.14 所示。

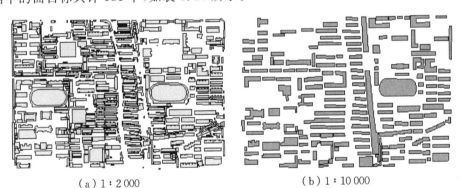

(a) 1：2 000　　　　　　　　　　(b) 1：10 000

图 5.22 1：2 000 与 1：10 000 居民地目标匹配实验

表 5.14 1：2 000 与 1：10 000 居民地目标匹配实验数据统计信息

比例尺	目标类型	目标数
1：2 000	面目标	732
1：10 000	面目标	181

经过对匹配实验的结果进行统计可以看出(表 5.15),该实验区共包含了四种模式的匹配目标对,即 1：0、1：1、0：1 和 $N:1$ 模式,另外两种模式(即 $1:M$ 和 $N:M$)未出现。各匹配模式的目标对分别如下:

(1)比例尺为 1∶2 000 的地图数据中原本有 402 个面目标无 1∶10 000 比例尺的面目标与之对应,属于 1∶0 匹配模式,其中的 369 个通过上述方法得到正确匹配,准确率为 91.8%;

(2)比例尺为 1∶2 000 的地图数据中原本有 104 个面目标均分别只有 1 个 1∶10 000 比例尺的面目标与之对应,属于 1∶1 匹配模式,通过上述匹配方法仅得到其中的 98 个,发生了 6 对漏匹配,匹配准确率为 94.2%;

(3)比例尺为 1∶10 000 的地图数据中原本有 5 个面目标无 1∶2 000 比例尺的面目标与之对应,属于 0∶1 匹配模式,利用上述规则正确地识别出了这 5 个面目标,匹配准确率为 100%;

(4)比例尺为 1∶2 000 的地图数据中原本各有多个面目标分别对应于 1∶10 000 比例尺的 72 个面目标,这 72 个面目标匹配对均属于 $N∶1$ 匹配模式,通过规则得到的匹配目标数为 78 对,显然其中有 6 对属于误匹配,正确率为 92.3%。

经比对判断,从匹配结果来看,效果较好(六种匹配模式的面目标对中,1∶0、1∶1 和 $N∶1$ 匹配模式的准确率分别为 91.8%、94.2% 和 92.3%,其余三种匹配模式的准确率均为 100%),较好地达到了预期的目标,即较好地建立了该实验区中两种不同现势性、不同比例尺地图空间的同名目标(1∶2 000 比例尺面目标与 1∶10 000 比例尺面目标)之间的对应关系,也证明利用上述匹配方法对较大比例尺地图面目标和较小比例尺地图面目标进行匹配切实可行。

表 5.15　1∶2 000 与 1∶10 000 居民地目标匹配实验结果统计

匹配模式	固有数	规则匹配数	准确率/%
1∶0	402	369	91.8
1∶1	104	98	94.2
0∶1	5	5	100
$N∶1$	72	78	92.3

5.3.5　实验结果分析

由表 5.13 和表 5.15 的匹配结果可知:

(1)当参考数据和目标数据的比例尺均较小时,由于较小尺度下地图空间对现实空间目标的描述较粗略、概括,表达较简单,因此,匹配模式的种类也较少,匹配过程的复杂度相对也较低,而当两幅地图的比例尺跨度较大时,匹配准确率有所下降。

(2)在表 5.15 中,利用上述规则匹配得到的 1∶1 模式的匹配对的数目(98)要少于其固有的数目(104),原因在于,部分 1∶1 模式的面目标匹配对被判为 $N∶1$ 模式(与选取的重叠度阈值大小有关),随之导致利用上述规则匹配得的 $N∶1$ 模式的数目(78)要大于其固有的数目(72)。

(3)类似地,利用上述规则匹配得到的 1∶0 模式的匹配对的数目(369)要小于其固有的数目(402)。

与前文中提到的相同(或相近)比例尺地图间的目标匹配方法相比可以看出,相对于应用概率统计进行匹配的方法而言,本章所提出的方法具有如下优势:①复杂度较低,计算量较小,适用范围广,接近人的主观习惯等;②在构建候选匹配集时采用了最小外接矩形,避免了棘手的缓冲区半径选择问题;③在判断匹配对应关系时顾及了空间目标的长度、大小、方向等几何特征,通过计算确定最终匹配目标对,有效地解决了包括 1∶0、0∶1 和 N∶1 等在内的非一对一的匹配对应情况。

总体而言,上述依据候选匹配集的元素数目制定的匹配模式及匹配目标对的规则取得了较好的匹配准确率,考虑此处的匹配过程发生在不同比例尺地图空间目标(甚至不同类型的空间目标,如面目标与线目标)之间,参与匹配的双方在数目、类型、维度和几何性质等特征上受诸多因素(如表达详细程度、制图综合等)的影响较大,故在匹配准确率方面尚不如前文提及的某些针对相同(或相近)比例尺地图提出的目标匹配方法,此外,在匹配目标对的相似度大小衡量方面也有待进一步研究等。为此,下一章将对本章方法的匹配结果的相似程度方面的研究工作进行探讨。

§5.4　本章小结

现有各种目标匹配方法大多是针对线目标(如道路数据),部分方法的研究对象为面目标(如居民地),涉及的地图比例尺大多相同或相近,鲜有明确针对多尺度地图的研究,故探讨的匹配模式有限(大多为 1∶1 模式)。为此,本章在已有研究的基础之上,补充探讨了多尺度地图中才可能出现的空间目标匹配问题,如面目标与点目标之间的匹配、面目标与线目标之间的匹配及面目标与面目标之间的匹配问题,本章重点研究了后两者。为了对诸多匹配模式进行全面、整体和统一的研究,本章利用第 3 章中提出的索引方法对面目标建立层次索引,将明显不属于同一索引区域(即不具备相同索引编码)的目标排除,同时据此构建一个粗糙的候选匹配集,达到粗略匹配的目的,发挥了层次理论、方法的特点和优势(即有效地剔除与研究问题不相关的因素),利用层次索引由较小比例尺地图中的面目标出发,基于其 MBR 对利用索引构建的候选匹配集中的面目标进行进一步识别,经过对六种匹配模式各自的特点及候选匹配集中面目标的数量、形状等特征的分析,进而制定针对不同匹配模式的判断依据,提出了较为完整、统一的适用于多尺度矢量地图空间面目标的匹配规则。实验表明,上述规则在多尺度面目标匹配上较好地达到了期望的效果,也为从较大比例尺地图上探测变化并更新较小比例尺地图数据提供了基础和有效的技术方法。

第6章　基于信息传输模型的多尺度地图空间数据相似性度量

从信息角度来看,任何地图都是一定空间信息的载体,不同的地图符号代表了不同的地物地貌,不同类型的地图目标包含着不同的信息,不同的地图载负的空间信息量也各不相同。从信息传输的角度来看,实质上,地图生产过程是空间信息从地理实体到地图空间目标(点、线、面)的传递过程。因此,同一区域不同来源、不同尺度的地图在对同一地物的表达上包含着一定数量的相同(相近)信息。现有的匹配方法研究已有很多,大多都从空间目标的几何、拓扑和语义三方面来考察目标对的相似度。本章基于信息论相关原理,从信息科学的角度,利用信息量来整合传统的地图空间目标相似性度量指标,并对其用于不同比例尺地图空间匹配面目标间相似度定量计算与度量的可行性和可靠性进行探讨。

按信息的性质可将信息分为语用信息、语义信息和语法信息三大类(钟义信,2002),如图6.1所示。其中的语法信息按照其模糊与明晰的状态又可以细分为模糊信息、概率信息、偶发信息和确定型信息。信息论的主要研究对象为状态明晰的概率信息。信息论被引入地理信息科学领域,并用来度量地图空间信息始于20世纪60年代。其中较具代表性的工作包括Sukhov(1970)提出的符号信息熵、Neumann(1994)和Bjørke(1996)提出的拓扑信息熵及Li等(2002a)提出的基于Voronoi图的空间信息度量方法。此外,Wu等(2004)发展了一种栅格地图信息量计算方法,郭达志等(2001)将信息论用于空间数据质量评价。

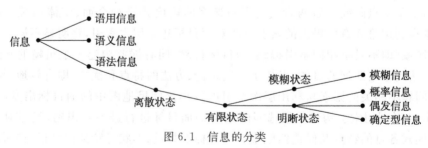

图 6.1　信息的分类

对上述工作进行分析可以发现,现有方法的提出实质上都建立在信息熵的基础上,且主要针对某一比例尺地图进行整幅地图总体信息量的度量。在很大程度上只是一种粗糙、笼统的信息度量方法,因为它们只顾及了空间目标(或符号)的邻近关系,以及空间目标的专题类型或其影响范围(如Voronoi区域),而在空间目标自身的复杂性(即信息含量)方面欠缺考虑,这也是度量一幅地图空间信息含量的最基础的问题。另外,应用面较狭窄,主要集中在信息度量、质量评价上,其他方面(如目标匹配、数据更新等)鲜有应用。再者,当前大多数关于同名目标的匹配研究都将主要精力集中于目标匹配本身上,对匹配目标对的相似度大小的关注则显然不够,常采用人工方法对匹配结果的查全率和查准率进行检核,而对匹配后的目标对在相似度大小方面并未提出量化指标进行计算或衡量。为此,本章在考虑空间目标本身特性的基础上,由香农(Shannon)信息论相关概念出发,将其应用于多尺度匹配目标间相似度度量。

§6.1　信息论基本原理

6.1.1　信息传输模型

信息论是人们在长期通信工程实践中,由通信技术与概率论、随机过程和数理统计相结合而逐步发展起来的一门科学。克劳德•香农(Claude Shannon)在1948 年发表了著名的论文《通信的数学原理》(*A Mathematical Theory of Communication*),为信息论奠定了理论基础。信息传输(通信)系统普遍采用适于各类通信系统的香农模型。

如图 6.2 所示,信息由信源发出,由编码器编码后,通过信道传递时将携带噪声(或干扰),再经接收机接收、译码,被还原成原信息给信宿。由于收到信息前信宿对信息一无所知,故对信宿而言信息完全不确定,若上述系统消除了该不确定性,则信息传输得以完成。

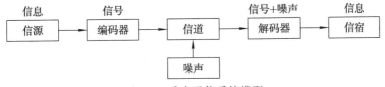

图 6.2　香农通信系统模型

6.1.2　相似性度量模型

地理信息的采集和处理过程与上述信息传输过程极相似,可用类似模型描述(图 6.3)。基于信息论原理,同样可以将互信息、自信息、条件信息用于度量数据集的相似度(赵彬彬,2011;刘泉菲 等,2018)。

通过比较发送与接收的信号可以评定一个信道的质量,类似地,通过对不同来源、不同尺度的 GIS 数据集中目标信息量的比较可以确定 GIS 数据之间的相似度。由空间实体到地图目标这一映射可视为一系列代表地理信息符号组成的消息从现实世界（信源）传输至地图空间（信宿）。

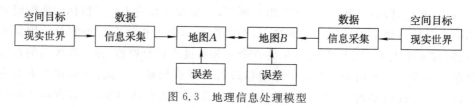

图 6.3　地理信息处理模型

6.1.3　信息熵、互信息与条件熵

由现实世界到 GIS 空间信息之间的映射可视为空间目标信息通过某个信道（测量、制图等）发送给受信者（地图目标）。若信道理想，发送和接收的信息应完全相同。但由于存在干扰（即信道中的噪声），故信宿收到的信息与信源发出的信息并不完全相同。

1. 信息熵

定义 1：随机变量 X 的每一个可能取值的自信息的统计平均值定义为该随机变量的信息熵，用于表征整个信源所包含的信息量，表示信源的不确定性。表达为

$$H(X) = -\sum_{i=1}^{q} p(x_i)\log p(x_i) \tag{6.1}$$

式中，$p(x_i)$ 表示已知事件 x_i 发生的概率。

2. 互信息

定义 2：互信息是一个事件集所给出关于另一个事件集的信息量，如 Y 关于 X 的互信息是收到 Y 前、后关于 X 的不确定度的减少量，也就是从 Y 所获得的关于 X 的信息量，用 $I(X;Y)$ 表示，即

$$I(X;Y) = \sum_i \sum_j p(x_i y_j)\log \frac{p(x_i \mid y_j)}{p(x_i)} = H(X) - H(X \mid Y)$$
$$= H(Y) - H(Y \mid X) \tag{6.2}$$

依据信息论原理，互信息是描述一则消息对另一则消息的包含程度，常用作描述通信系统的质量指标。在地图空间中，尽管尺度不同，地图符号（目标数据）对空间目标的表达形式也不同，但任何尺度的地图数据均源于现实世界（参考数据），即现实世界中某一目标在不同尺度地图中的表达上存在一定的相似性，只是相似度大小各异而已。因此，不同尺度地图数据间的互信息在一定程度上度量了参考数据与目标数据之间的相似度大小。

依据文献（Walter et al, 1999），数据集 D_1 和 $D_2 = h(D_1)$ 中待匹配目标 p_1、p_2 之间的互信息可表达为

$$I(p_1;p_2) = \sum_{p_1 \in D_1, p_2 \in D_2} I[\text{direction}(p_1);\text{direction}(p_2)] +$$

$$\sum_{p_1 \in D_1, p_2 \in D_2} I[\text{distance}(p_1);\text{distance}(p_2)] +$$

$$\sum_{p_1 \in D_1, p_2 \in D_2} I[\text{perimeter}(p_1);\text{perimeter}(p_2)] +$$

$$\sum_{p_1 \in D_1, p_2 \in D_2} I[\text{area}(p_1);\text{area}(p_2)] \tag{6.3}$$

式中，p_1、p_2 为匹配目标对，direction、distance、perimeter、area 分别表示方向、距离、长度和面积。

3. 条件熵

为求得参考数据 D_1 到目标数据 $D_2(h:D_1 \to D_2)$ 这一映射过程的互信息，首先需确定条件概率（熵）。确定条件概率可用解析法、数值法或实验法（Walter et al,1999）。考虑不同尺度 GIS 数据之间的关系很难用解析法或数值法获得，故此处以匹配面目标之间的信息传输计算为例，采用实验法进行相似度的度量。

§6.2　互信息的计算方法

6.2.1　单个面目标之间互信息的计算

为便于计算匹配面目标间的互信息，将较大比例尺中的面目标 L 和较小比例尺中与之匹配的面目标 S 分别进行 n 等分（图 6.4），然后分别比较相应分段间方向、距离、长度和面积的相似度，应用信息论的方法计算出条件概率，最终得出匹配面目标间的总体互信息。

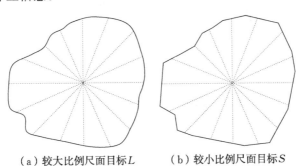

（a）较大比例尺面目标L　　　（b）较小比例尺面目标S

图 6.4　经匹配的较大、较小比例尺面目标

如图 6.4 所示，以 1∶1 匹配模式的面目标为例，将面目标质心作为基准点，以两个面目标的同一方向（如正北方向）为起始方向进行等角度划分，将面目标分为 n 个"扇区"，分别考察两个面目标在每个对应"扇区"弧段两端点到面目标质心距

离,弧段两端点连线方向,弧段长度和"扇区"面积四个方面的互信息,从而求得较大比例尺面目标和较小比例尺面目标在方向、距离、长度和面积参数下的整体互信息,详细计算过程参见相关文献(Walter et al,1999)。

6.2.2　不同匹配模式目标间互信息的计算

如图 6.5 所示,在进行多尺度地图空间面目标与面目标之间的匹配时,较大、较小比例尺地图面目标间的匹配模式共有六种(徐枫 等,2009),即除了 $1:1$ 匹配模式[图 6.5(b)]之外,还包括 $1:0$、$0:1$、$1:M$、$N:1$ 和 $N:M$ 五种。 因此,除 $1:1$ 匹配模式面目标外,其余五种模式的匹配面目标之间的互信息也需计算。

其中有两种属于特殊情形,如图 6.5(a)和图 6.5(c)所示,分别为 $1:0$ 和 $0:1$ 匹配模式,前者为较小比例尺地图中不存在与较大比例尺地图中对应的面目标,后者刚好相反,为较大比例尺地图中不存在与较小比例尺地图中对应的面目标,两种模式均缺少匹配对应目标,无法组成匹配目标对,不构成匹配对应关系,无互信息可言,故无法计算相似度大小(或称相似度为"零")。

另外三种模式[图 6.5(d)、(e)、(f),即 $1:M$、$N:1$ 和 $N:M$]均构成具有匹配对应关系的匹配目标对,可计算出相应的互信息,进而度量相似度的大小,但与 $1:1$ 匹配模式不同的是,这三种模式都涉及多个面目标,因此处理方法也有所不同,下面分别讨论。

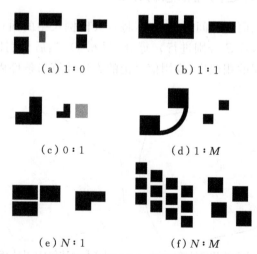

(a) $1:0$ 　　　　　　(b) $1:1$

(c) $0:1$ 　　　　　　(d) $1:M$

(e) $N:1$ 　　　　　　(f) $N:M$

图 6.5　多尺度地图面目标与面目标之间的匹配模式

1. 单个面目标与面目标群之间互信息计算

图 6.5(d) 为 $1:M$ 的匹配模式,即较大比例尺地图中一个面目标与较小比例尺地图中 M 个(图中 $M=2$)面目标匹配,也称为单个面目标-面目标群间的匹配,由第 4 章中的实验数据可看出,由于其特殊性,在多尺度地图空间目标匹配中很少

见,实验区数据中未出现这种匹配模式的情形。

　　对于 $1:M$ 匹配模式的面目标对,由于该模式为较大比例尺地图中的一个面目标与较小比例尺地图中的 M 个面目标匹配,故将这 M 个面目标组成的面目标群视为一整体,考察单个面目标与该整体之间的相似度大小,所以需要先对单个面目标和面目标群进行凸包处理,转化为类似于 $1:1$ 的匹配模式,再利用上节所述方法对凸包进行分段,进而计算其互信息,最后计算出信息传输率。

　　图 6.6 为 $1:M$ 匹配模式的面目标,对较小比例尺地图中的 M 个面目标进行凸包处理,获得面目标群的凸包(如图中虚线所示),用该凸包代替面目标群,同样地,对较大比例尺地图中与面目标群对应的面目标进行凸包处理,进而计算两个凸包间的互信息,从而得到匹配目标之间的信息传输率,最终求得相似度大小。

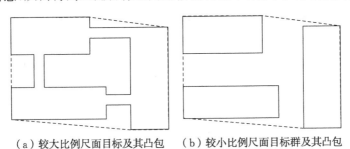

　　　　（a）较大比例尺面目标及其凸包　　　（b）较小比例尺面目标群及其凸包
图 6.6　$1:M$ 匹配模式的面目标凸包处理

2. 面目标群与单个面目标之间互信息计算

　　图 6.5(e) 为 $N:1$ 的匹配模式,即较大比例尺地图中 N 个(图中 $N=3$)面目标与较小比例尺地图中一个面目标匹配,也称为面目标群-单个面目标间的匹配,由第 4 章中的实验数据可看出,该匹配模式在多尺度地图空间目标匹配中最为常见。

　　对于 $N:1$ 匹配模式的面目标对,由于该模式为较大比例尺地图中的多个面目标与较小比例尺地图中的一个面目标匹配,故应该将这 N 个面目标组成的面目标群视为一整体,考察该整体与单个面目标之间的相似度大小,也需要进行凸包处理,转化为类似于 $1:1$ 的匹配模式,再利用上节所述方法对凸包进行分段,进而计算已匹配目标间的互信息,最后计算出信息传输率。如图 6.7 所示,为 $N:1$ 匹配模式的面目标,先对较大比例尺地图中的 N 个面目标进行凸包处理,获得面目标群的凸包(如图中虚线所示),同样地,对较小比例尺地图中对应面目标进行凸包处理,进而计算两凸包间的互信息,从而得到匹配目标之间的信息传输率。

3. 面目标群与面目标群之间互信息计算

　　图 6.5(f) 为 $N:M$ 的匹配模式,即较大比例尺地图中 N 个(图中 $N=12$)面目标与较小比例尺地图中 M 个(图中 $M=4$)面目标匹配,也称为面目标群-面目标群间的匹配,由第 4 章中的实验数据可知,此匹配模式在多尺度地图空间目标匹配

中并不多见,实验区数据中未出现这种匹配模式的面目标对。

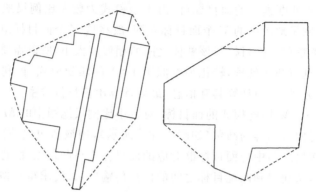

（a）较大比例尺面目标群及其凸包　（b）较小比例尺面目标及其凸包

图 6.7　$N:1$ 匹配模式的面目标凸包处理

此种模式的匹配面目标之间的相似度大小的计算方法与 $1:M$ 模式类似,首先进行凸包处理,即求较大比例尺和较小比例尺地图中匹配目标对的凸包,如图 6.8 所示,将其转化为类似于 $1:1$ 的匹配模式,然后再求凸包之间的互信息。

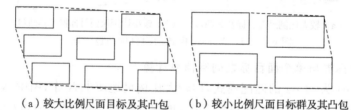

（a）较大比例尺面目标及其凸包　　（b）较小比例尺面目标群及其凸包

图 6.8　$N:M$ 匹配模式的面目标凸包处理

注意,尽管此处比较的不是匹配面目标对中各面目标自身之间的互信息,而是它们的最小凸包之间的互信息,凸包与已匹配目标(群)自身在形状、大小等方面不完全相同,但这些差异并不影响互信息的计算,后续实验证实了该点。

6.2.3　不同匹配模式面目标间相似度衡量指标

定义 3:从较大比例尺地图空间面目标(X)成功传输到较小比例尺地图空间面目标(Y)的信息量占较大比例尺地图空间面目标信息量的百分比称为信息传输率,表达为

$$\eta = \frac{I(X;Y)}{H(X)} \times 100\% \tag{6.4}$$

不难看出,信息传输率 η 越大,不同地图空间目标对同一现实世界目标描述的信息丢失量就越小,也就是说,由较大比例尺地图中的面目标传入到较小比例尺地图面目标的信息比重越大,传入信息也就越多,由此,这从一个侧面反映了匹配面

目标对在长度、面积、方向等信息方面的相似度也就越大。为了对不同尺度地图空间面目标匹配对间的相似度大小进行定量地度量,下面采用信息传输率这一指标来进行衡量。

§6.3　实验分析

本章以第 5 章中所进行的匹配实验为基础,进一步对实验结果进行分析,以对匹配结果中"配对"成功的面目标对进行相似度大小的衡量。由于 1∶0 和 0∶1 这两种匹配模式无互信息,也无信息传输率,故此处仅计算 1∶1、1∶M、N∶1 和 N∶M 这四种模式中匹配面目标间的互信息及信息传输率。

6.3.1　实验一

实验一对 1∶10 000 和 1∶50 000 居民地匹配目标间的相似度进行衡量。如图 5.16 所示,实验数据比例尺分别为 1∶10 000 和 1∶50 000,实验对象为居民地面目标,两种比例尺地图中所包含的面目标数分别为 1 474 和 42。

如表 6.1 所示,经过匹配后获得了 1∶1 和 N∶1 这两种匹配模式的目标对数分别为 1 和 41,另外两种模式(1∶M 和 N∶M)的匹配对数均为 0(实验区数据中不包含这两种匹配模式的面目标对,故未在表中列出)。

表 6.1　1∶10 000 和 1∶50 000 居民地匹配目标间相似度计算结果统计

匹配模式	匹配对数	传输率/%														
		方向			距离			面积			周长			总体		
		最大	最小	平均	最大	最小	平均	最大	最小	平均	最大	最小	平均	最大	最小	平均
1∶1	1	92.7	92.7	92.7	81.1	81.1	81.1	88.1	88.1	88.1	75.8	75.8	75.8	83.1	83.1	83.1
N∶1	41	100	68.5	92.3	98.8	64.4	86.2	100	76.4	88.8	100	69.0	85.9	99.0	78.8	88.1

对于这一对 1∶1 模式的匹配面目标对,较大比例尺面目标与较小比例尺面目标在方向、距离、面积和周长四个方面的信息传输率分别为 92.7%、81.1%、88.1% 和 75.8%,总体信息传输率为 83.1%,如图 6.9 所示。可以看出,四个几何特性中,传输率最高的为各个分块的边界方向信息,其次是各分块的面积信息,传输率最低的为各分块的边界周长信息(75.8%),总体相似度为 83.1%。

如表 6.1 所示,对于实验区中 41 对属于 N∶1 匹配模式的面目标对,较大比例尺面目标与较小比例尺面目标在方向、距离、面积和周长四个方面的平均信息传输率分别为 92.3%、86.2%、88.8% 和 85.9%,总体信息传输率平均值为 88.1%,如图 6.10 所示。在四个几何特性中,平均传输率最高的为各个分块的边界方向信息,其次是各分块的面积信息,而各分块的边界周长信息传输率最低(85.9%),总体相似度平均值为 88.1%。

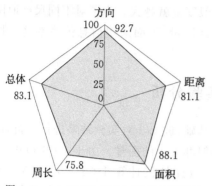

图 6.9　1∶10 000 和 1∶50 000 居民地
1∶1 模式匹配面目标对各分量
及总体平均相似度(%)

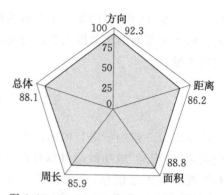

图 6.10　1∶10 000 和 1∶50 000 居民地
N∶1 模式匹配面目标对各分量
及总体平均相似度(%)

6.3.2　实验二

实验二对 1∶2 000 和 1∶10 000 居民地匹配目标间的相似度进行衡量。如图 5.17 所示,实验数据比例尺分别为 1∶2 000 和 1∶10 000,其中的面目标数分别为 732 和 181。如表 6.2 所示,经过匹配后获得了 1∶1 和 N∶1 这两种匹配模式的目标对数分别为 104 和 72,另外两种模式(1∶M 和 N∶M)的匹配对数均为 0(即实验区数据中不包含这两种匹配模式的面目标对,未在表中列出)。

表 6.2　1∶2 000 和 1∶10 000 居民地匹配目标间相似度计算结果统计

匹配模式	匹配对数	传输率/%														
		方向			距离			面积			周长			总体		
		最大	最小	平均	最大	最小	平均	最大	最小	平均	最大	最小	平均	最大	最小	平均
1∶1	104	100	79.5	93.6	100	71.4	89.8	100	71.1	92.5	94.5	61.6	85.6	97.9	72.2	90.3
N∶1	72	100	81.2	92.9	100	76.5	89.2	100	84.8	93.4	97.4	78.9	88.4	97.7	81.7	90.8

对于实验区中 104 对 1∶1 模式的匹配面目标对,较大比例尺面目标与较小比例尺面目标在方向、距离、面积和周长四个方面的平均信息传输率分别为 93.6%、89.8%、92.5% 和 85.6%,总体信息传输率平均值为 90.3%,如图 6.11 所示。四个几何特性中,平均传输率最高的为各个分块的边界方向信息,其次是各分块的面积信息,传输率最低的为各分块的边界周长信息(85.6%),总体相似度的平均值为 90.3%,从而反映了匹配目标之间的相似程度。

对于实验区中 72 对属于 N∶1 匹配模式的面目标对,较大比例尺面目标与较小比例尺面目标在方向、距离、面积和周长四个方面的平均信息传输率分别为 92.9%、89.2%、93.4% 和 88.4%,总体信息传输率平均值为 90.8%,如图 6.12 所示。在四个几何特性中,平均传输率最高的为各个分块的面积信息,其次是各分块的边界方向信息,传输率最低的为各分块的边界周长信息(88.4%),平均总体相似度为 90.8%。

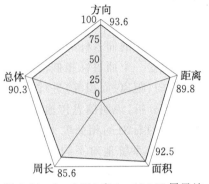

图 6.11　1 : 2 000 和 1 : 10 000 居民地
1 : 1 模式匹配面目标对各
分量及总体平均相似度(%)

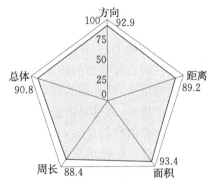

图 6.12　1 : 2 000 和 1 : 10 000 居民地
N : 1 模式匹配面目标对各
分量及总体平均相似度(%)

6.3.3　实验结果分析

由表 6.1 和表 6.2 中数据及图 6.9 至图 6.12 中的图形化平均信息传输率可知:

(1)1 : 10 000 和 1 : 50 000 居民地目标匹配对相似度衡量实验中,由于比例尺为 1 : 50 000 的地图中面目标综合程度较高,对空间目标的表达相对较粗略,因此两种模式的面目标匹配对总体信息传输率的平均值较低,分别为 83.1% 和 88.1%,均小于 90%,图 6.9 和图 6.10 也反映了这一点。

(2)1 : 2 000 和 1 : 10 000 居民地空间目标匹配对相似度衡量实验中,两份数据比例尺分别为 1 : 2 000 和 1 : 10 000,比例尺较大,特别是 1 : 2 000 属于大比例尺,对地物的表达相对较详尽,同时比例尺为 1 : 10 000 的地图在综合程度上相对(相对于 1 : 50 000 比例尺而言)较低,故该实验中两种模式的面目标匹配对总体信息传输率的平均值较高,分别为 90.3% 和 90.8%,均高于 90%,这些由图 6.11 和图 6.12 也可以看出。

(3)在对方向、距离、面积和周长四个几何特征参数的考察中,不论匹配模式为 1 : 1 还是 N : 1,不论比例尺为 1 : 2 000 和 1 : 10 000 还是 1 : 10 000 和 1 : 50 000,匹配面目标对在边界方向和分块面积上的信息传输率平均值均较高,而距离和周长方面的信息传输率平均值则相对较低。

总体而言,通过考察不同比例尺面目标匹配对的凸包分块在方向、距离、面积和周长方面的互信息大小,进而计算总体信息传输率的高低,这在一定程度上从信息传递的角度,定量地反映了匹配目标对相似度的大小,即信息传输率越高,匹配面目标对间的相似度就越大。

§6.4　本章小结

在信息论基础上,本章主要以多尺度居民地数据中的面目标为例,从地图数据采集过程中空间目标信息的传递过程出发,通过建立一个面目标相似性度量模型,从信息科学的角度,将常用的面目标匹配指标(方向、距离、面积等)进行整合,引入了信息传输率指标,通过对信息传输率这个指标的分析,说明信息传输率是从信息角度对目标间相似性的反映,并将其用于对匹配面目标对的相似度大小进行定量计算,继而,通过对匹配结果的进一步实验分析,较为系统地对不同尺度地图数据中多种不同模式的匹配面目标对的相似度进行了衡量,实验数据证实了该指标在度量已匹配面目标对相似度方面的可用性和实用性。

从理论角度来看,信息传输率指标较为全面地考查了面目标的特性,将面目标固有的大小、形状、周长、面积等几何特征融合在一起,具有一定的理论价值;从实用性的角度来看,该指标在一定程度上确实表征了面目标之间的相似程度,为匹配面目标对之间的相似度大小的度量提供了定量、可靠的科学依据。但同时也应看到,由于信息论的基础是概率论、数理统计等,因此,计算过程较烦琐,计算量较大。

综上所述,目标匹配的目的是为了更新地图,更新前必须探测出空间目标是否发生变化,后文将探讨多尺度地图变化探测问题,为最终实现在不同比例尺地图间传播变化、更新的目标奠定基础。

第7章　多尺度地图空间数据变化探测

近年来,国民经济的快速发展和我国对地观测技术的极大提升和丰富了测绘地理信息科技工作成果。目前,我国相继建立了 1∶100 万、1∶50 万、1∶25 万地图数据库,1∶50 000 数字高程模型数据库,各种比例尺的海洋测绘数据库,五大江湖 1∶10 000 数字高程模型数据库等,此后,又建立了 1∶50 000 基础框架数据库、1∶300 万中国及其周边地图数据库等,各省(区、市)1∶10 000、1∶5 000、1∶2 000 基础地理数据库也在依次建设之中,沿海经济发达城市(如广东省佛山市)甚至已建立 1∶500 城市地理数据库。这些已建成的各种不同比例尺空间数据库是我国基础地理空间数据框架的重要构成,同时也为数字地球、数字中国、数字省、数字城市、数字江河、数字海洋建设奠定了坚实的空间数据基础。随着基础地理数据"原始积累"阶段的逐步完成和共享应用的日渐频繁,地理数据的现势性问题已经成为一个亟待解决的世界性的难题(陈军 等,2004)。特别是,国民经济持续高速增长,城市建设引起的变化日新月异,严重导致基础测绘产品的时效性滞后于城市发展变化,并且矛盾日益突出,因此,如何保持现有基础地理数据库的现势性及持续更新问题已成为地理信息科学领域亟待解决的现实问题(王家耀,2010)。为此,地理信息界学者们达成共识,提出基于自动综合方法实现多尺度地图数据协同更新的方案(陈军 等,2007a)。从现势性强的(为方便起见,以下简称"新的")大比例尺地图中获取变化了的地理信息来更新现势性弱的(以下简称"旧的")小比例尺地图。该过程可通过两种途径实现:①利用自动制图综合技术对新的较大比例尺地图进行综合,派生出相应的较小比例尺地图,这也是当前制图学界的一个热门课题(李志林,2005);②将新的大比例尺地图与旧的较小比例尺地图进行比较,找出同名目标(即目标匹配),分析同名目标之间是否存在差异,并判断该差异是否为变化信息,即变化探测(检测),最后对变化了的信息进行更新,以达到传播变化信息并更新较小比例尺地图的目的。两者的主要区别在于:前者是一个制图综合领域的问题,对制图综合技术要求非常高,其操作对象为整个较大比例尺地图中的数据(即不管空间目标发生变化与否),因此,其局限性非常明显,即较大比例尺地图中的数据量越大,需要进行制图综合分析和操作的空间目标越多,相应的计算量也越大,所耗费的计算和处理时间也越多,效率越低下。另外,就目前相关技术发展情况而言,制图综合技术还远未达到实现上述目标的自动化程度。而后者得益于目标匹配技术的运用,仅对变化的信息进行更新,通过对变化信息的探测,可实现待更新地图数据的按时、应需、局部更新,优势明显。由此可知,完成目标匹配之后,采用基于变化信息的探测、提取和传播的更新方法是当前地理信息更新研究中一个非常具有前景的研究方向,同时给多尺度地图更新提供了新的思路(陈军 等,2007b)。

与此同时,多尺度地图空间数据库的更新又是一项复杂的系统工程,需要解决很多理论、技术、方法上的问题,其中空间数据的变化探测是至关重要但又难以解决的问题之一。为此,本章在目标匹配的基础上,以面目标为例,对多尺度地图面目标匹配对的差异驱动因素和变化类型进行了系统分析和探讨,并且针对不同模式的目标匹配对提出了利用长度差异、面积差异和重叠度指标进行差异驱动因素判别、变化探测和变化类型判定的方法,最后通过实验验证该方法的有效性和实用性。

§7.1　地图数据变化探测方法

变化探测是指对不同时期获得的地理实体或现象的状态进行比较分析,识别其差异的过程(Singh,1989)。实质上,变化探测是对多时空数据集的时间效应进行量化的过程,因此,变化探测也是一个复杂而烦琐的过程。近年来,国内外学者针对不同的应用目的和不同类型的数据提出了许多变化探测方法,各种方法的提出背景和应用环境也各不相同,因而没有任何一种变化探测方法具有绝对通用性(赵彬彬,2014)。在实际应用中,通常要根据应用目的和应用环境等来选择合适的变化探测方法。

地表变化信息对于区域、全球资源和环境监测的重要性日渐显现,特别是高分辨率传感器(如 IKONOS、QuickBird 等)的出现,为高空间分辨率遥感影像的大量获取提供了技术保障,使环境因素的时空模式及其对人类活动影响的分析研究成为可能。从卫星开始应用于遥感影像获取至今,国内外学者在基于遥感的变化探测方法和监测方面做了大量的研究工作,并取得了丰硕的成果。从数据集类型的角度来看,变化探测方法可以分为三大类:影像-影像变化探测、影像-地图变化探测和地图-地图变化探测。

近年来,遥感平台和传感器的快速发展极大地促进了高分辨率影像数据的快速获取,从而使得遥感影像数据变化探测方法及评价等相关问题研究受到学者们的广泛关注(Wilmsen,2006;杜培军 等,2012),主要集中在影像处理和影像数据时间维的操作方法等内容上,而对矢量地图数据变化探测方面的关注力度明显不够,研究成果还较为零散(Anders et al,2004;张保钢 等,2005;陈军 等,2007a;吴建华 等,2008),特别是对不同比例尺地图数据更新过程中的变化探测问题的研究更是凤毛麟角。同时,地图-地图变化探测主要应用于不同现势性的地图数据之间,变化探测技术对矢量空间数据库的更新,特别是对多尺度矢量空间数据的联动更新具有重大应用价值和现实意义。在不同比例尺地图之间传播更新,首先需要通过对地图空间目标几何特征、属性特征、拓扑结构和语义进行相似性度量,识别出同一地区不同来源不同比例尺地图数据库中的同一地物,即目标匹配。进而,需要通过检查和比较分析来判断不同比例尺地图中同名目标是否真正发生变化,也称为变化探测。同时,对于多尺度地图数据而言,空间数据不一致性信息也是一种变化信息,且蕴含在多尺度地图数据变化信息之中,地图比例尺变换存在关联关系,对多尺度地图数据不一致性进行探测和处理的前提是先探测出多尺度地图数据变化信息。鉴于地图数据之间进行变化探测的复杂程度和研究进度,有关地图-地图数据变化探测研究的文献不多,其中具有代表性的研究工作简要回顾如下。

　　Badard(1999)利用地理数据匹配算法对不同版本地图数据库中存在对应关系的空间目标进行遍历比较,从而提取出空间目标的变化信息。Anders 等(2004)通过对地图目标进行匹配,建立多尺度表达地图数据库中不同比例尺地图目标间的关联,进而比较通过语义、几何图形和拓扑关系等探测出的属性变化、几何变化及属性与几何变化三种变化类型。

　　张保钢等(2005)针对大比例尺地形图数据库更新频繁的情况,提出了通过外业巡视发现地物变化,从地形图数据库中提取变化区域并实施地形图修测,将修测结果与数据库原始数据进行比较,找出变化地物的地形图数据库变化探测实施步骤。陈军等(2007a)通过对道路数据进行匹配,分析路段获得的有、无匹配对应目标等映射关系和选取属性,从而提取出道路网变化信息。吴建华等(2008)基于自定义空间拓扑关系的空间查询方法构建当前要素的同名实体,进而利用基于权重的空间要素相似性计算模型进行线实体和面实体匹配,最后从图形和属性对比中探测地物变化。

　　通常,在进行地图-地图数据变化探测时,通过地图叠加,以现势性强的地图数据为基础,主要以目标匹配技术为手段,建立不同比例尺地图同名空间目标间的关联关系,在顾及不同尺度表达的同时,分析关联关系并对比关联目标,从而探测变化信息,进而将其传播至不同尺度地图数据中,以增强和保持系列地图数据的现势性,最终满足国民经济建设快速增长的多尺度地图数据支持需求。

　　鉴于此,本章首先探讨多尺度地图数据之间的差异问题,分析差异的类型、表现形式及产生的原因,归纳差异驱动因素,进而探讨地图数据变化类型、各类型变化信息描述方法,继而研究不同比例尺地图数据的几何、拓扑和语义等变化信息的探测方法。

§7.2　多尺度地图空间目标差异驱动因素

7.2.1　多尺度地图数据差异类型

　　同一地物在不同比例尺地图空间中的表达各不相同,这种表达形式上的区别称为差异。由于地图比例尺的差异,不同比例尺地图对空间实体表达的详细程度各不相同,地图比例尺越大,表达的空间实体越详细越具体,相反,地图比例尺越小,表达的空间实体越粗略、概括。于是,同一空间实体在不同比例尺地图中的表达就存在着差异,这种差异具体体现在几何细节、图形结构、拓扑关系、空间方位和语义属性等方面,如表 7.1 所示。

表 7.1　多尺度地图数据差异类型

差异表现	较大比例尺地图 M_L	较小比例尺地图 M_S
几何细节	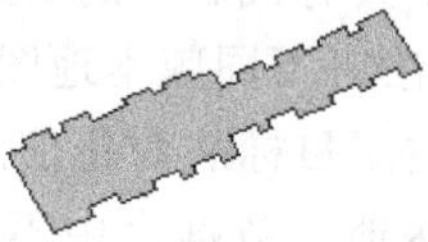	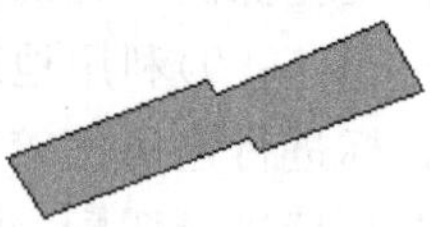
图形结构	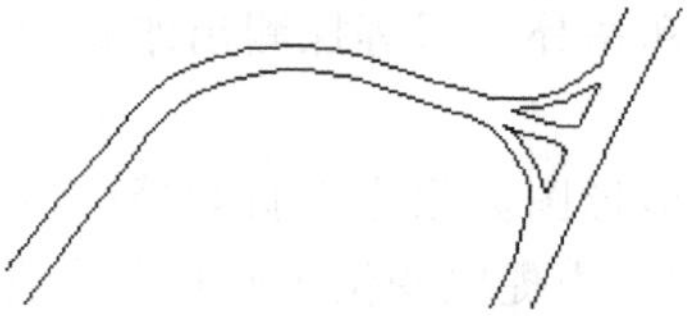	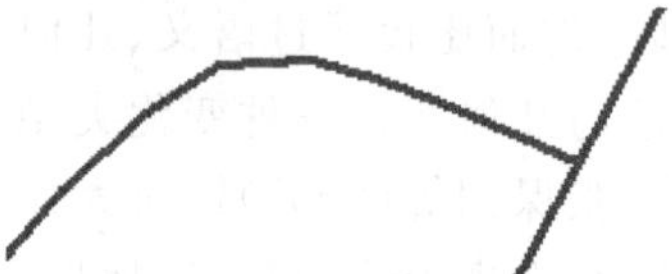
拓扑关系	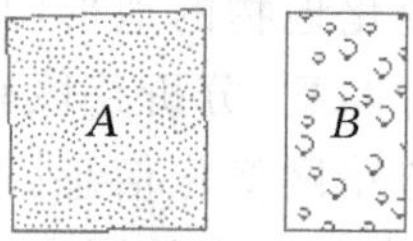 A　B	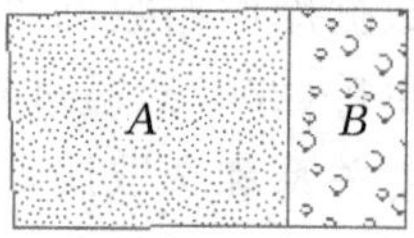 A　B
空间方位	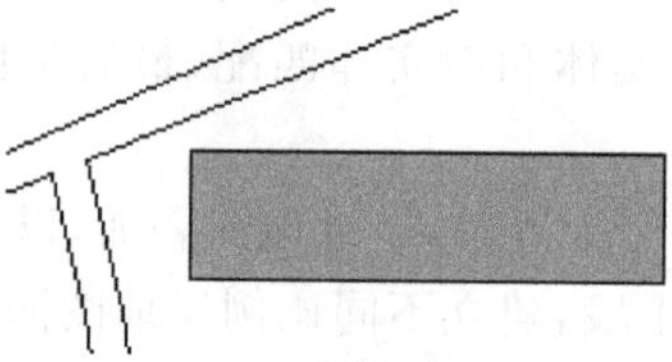	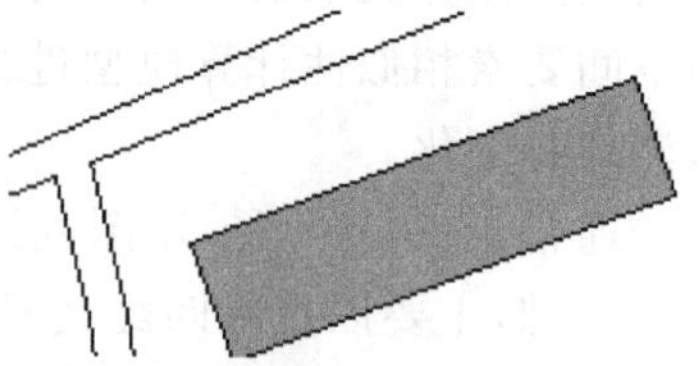
语义属性	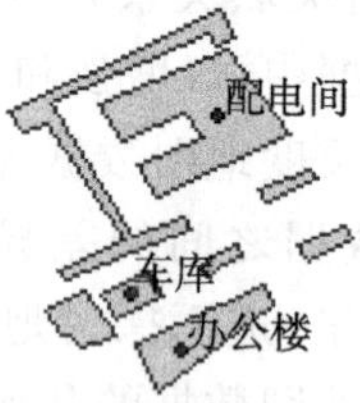 配电间　车库　办公楼	 市第三供电所

（1）几何细节差异:较大比例尺地图中空间实体轮廓中的凹凸细节表达详尽,与之对应的较小比例尺地图中空间实体轮廓则以直代弯概括了细节边界。

（2）图形结构差异:较大比例尺地图中以 3 个节点相连的双线立交桥道路,在较小比例尺地图中表达为 1 个节点连接的单线立交桥道路。

（3）拓扑关系差异:较大比例尺地图 M_L 中拓扑关系为"相离"的地块 A 和地块 B 在较小比例尺地图 M_S 中拓扑关系变为"相邻"。

（4）空间方位差异:与道路轴线呈一定角度的建筑物实体变为与道路轴线平行

的建筑物实体。

(5)语义属性差异:较大比例尺地图 M_L 中的详细具体空间实体被综合为粗略概括的空间实体,其较深层次的语义属性(赵彬彬 等,2009)也被具有包含关系的较浅层次语义属性所替代,隶属于"市第三供电所"的"配电间""车库"和"办公楼"被概括为"市第三供电所"。

7.2.2 多尺度地图数据差异驱动因素

实际生产中,导致同一地理要素在不同比例尺地图中存在表达差异的原因(也称为差异驱动因素)有很多,主要包括制图综合、实际变化和数据获取误差,如图 7.1 所示(赵彬彬,2011)。

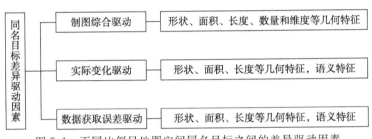

图 7.1 不同比例尺地图空间同名目标之间的差异驱动因素

1. 数据获取误差导致的差异

数据获取误差导致的差异主要体现在不同来源的地图数据中。实际生产中,不同部门(或单位)在获取同一地区同一时期的相同比例尺地图数据时,由于不同部门的数据获取方式、精度要求、日常业务和应用目的等千差万别,导致各自获取的地图数据存在较大差异,此时,不同地图中同一空间实体之间的差异主要来源于数据获取误差。例如,日常业务以基础地形图测绘为主的甲部门在测绘地形图时对地物细节的详细程度要求较高,建筑物轮廓的凹凸细节部分都必须依据规范要求准确测量,道路拐弯处的边界弧段也被准确测量,其获取的数据如图 7.2(a)所示,相反地,在此方面需求较低的乙部门获取的数据如图 7.2(b)所示,其建筑物轮廓已忽略了细小的凹凸部分,道路拐弯处的边界弧段测量也较粗糙。这两幅地图数据之间的差异主要由数据获取误差产生,也称为不同来源的地图数据产生的差异。

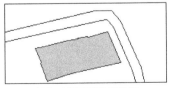

(a)甲部门获取的数据　　　　(b)乙部门获取的数据

图 7.2 数据获取误差导致的空间实体差异

2. 制图综合操作引起的差异

在地图上,地物是通过抽象的地图符号来表达的,并且不同类型的地物使用不同地图符号来表达。然而,即使对于同一地物,采用的地图符号也与所表达的地图比例尺直接相关。在不同比例尺地图中,同一地物表达的详细程度不同(李志林,2005),并最终通过制图综合的方法和手段实现。尤其是对大比例尺地图数据进行制图综合派生出中、小比例尺地图数据时,采用不同的综合操作算子(如选取、合并、夸大等),或同一综合操作算子的不同实现算法,或所运用的综合操作算子的顺序不同,都很有可能使得不同比例尺地图对同一要素的表达存在区别(Li,2007)。显然,这种差异主要由制图综合驱动。如图 7.3 所示,(a)和(c)分别为较大比例面目标,(b)和(d)分别为与之对应的较小比例尺面目标。(a)和(b)目标之间形状差异明显,较大比例尺面目标西南缺角经综合后被简化(simplification)。(c)和(d)目标之间的数量差异明显,可以发现 3 个较大比例尺面目标经综合后被聚合(aggregation)为 1 个较小比例尺面目标。因此,制图综合驱动的差异源于综合操作算子的作用,具体体现在同名目标对包含的目标数量、几何形状和空间位置等方面。某些综合算子(如 collapse)也可能导致同名目标在目标类型、维度等方面的差异,如图 7.3 所示,较大比例尺地图(e)中的面状河流经制图综合后维度降低变为较小比例尺地图(f)中的线状河流(赵彬彬,2011)。

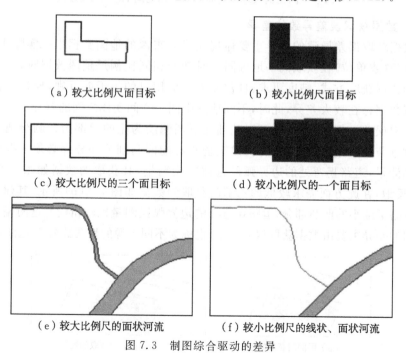

（a）较大比例尺面目标　　　　　　（b）较小比例尺面目标

（c）较大比例尺的三个面目标　　　　（d）较小比例尺的一个面目标

（e）较大比例尺的面状河流　　　　（f）较小比例尺的线状、面状河流

图 7.3　制图综合驱动的差异

3. 真实变化导致的差异

真实变化引起的差异由现实世界空间实体发生真实变化所致,主要体现在同名目标大小、形状和数量等几何特征上,某些情况也可导致同名目标在类型、维度和属性方面的差异。如图 7.4 所示,(a)和(c)分别为较大比例尺地图上的面目标,而(b)和(d)分别为与之对应的较小比例尺地图上面目标。通过分析可以发现,(b)中"3"号面目标仅与(a)中"1"号面目标对应,并且两者的形状、大小等几何特征均一致,因而可以判断该地物并未发生真实变化。而"2"号面目标则无与之对应的面目标,其大小近似于"1"号面目标,从而可推断出它们之间的差异不属于制图综合差异,而应当为新出现的地物,从而在现势性弱的较小比例尺地图中无对应面目标。"4""5"号两个面目标也是一对同名目标,两者间的形状、大小差异明显,差异大小超出比例尺表达及制图综合所规定的范围,因而可以判断该处地物已发生真实变化(赵彬彬,2011)。由此可见,制图综合和真实变化都可导致不同比例尺地图上的同名目标出现各种差异,这些差异主要包括目标几何特征(如形状、大小、维度等)、属性特征、拓扑特征等方面。

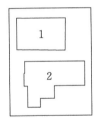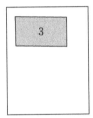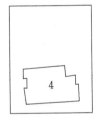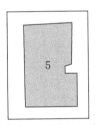

（a）较大比例尺面目标　（b）较小比例尺面目标　（c）较大比例尺面目标　（d）较小比例尺面目标

图 7.4　实际变化驱动的差异

§7.3　多尺度地图空间目标变化分类与描述

对地理空间实体变化的认知是对多尺度地图数据变化进行表达和描述的基础,是探测多尺度地图数据变化信息的前提,也是认知科学的一项重要内容。早在2000 多年前,亚里士多德便提出了空间变化的四大类型,即物质变化、质变、量变和位置变化。目前,国内外已有不少针对空间目标的变化分类方法(吴建华 等,2008;周晓光 等,2009)。例如,Claramunt 等(1995)将单个实体的演变细分为出现、消失、稳定、移动、旋转、扩大、缩小和变形八大类;Zhou 等(2004)顾及时间上的不相邻,在其基础上增加了另一种变化类型"重现";Hornsby 等(2000)则将单个空间对象状态分为存在、有历史的不存在和无历史的不存在三种状态,并推演出继续没有历史的不存在、新建、忆起、永久删除、继续存在、删除、忘记、唤醒和继续不存在共九种变化类型;Renolen(2000)提出了六种基本变化类型,分别为创建、改变、稳定、再现、合并和分裂;Raza 等(2002)则以地块为分析对象,将面目标变化类型分为出现、大小变化、形状变化、移动、消失、变换、合并和分裂;朱华吉(2006)则将图元变化类型分为出现、消亡、偏移、收缩、扩张、分裂和分割;Wilmsen(2006)根据目标状态和目标间的拓扑关系将面目标的变化分为扩张、收缩、移动、稳定、分裂和合并六种;Stefani(2008)将建筑物的变化分为创建、扩大、拆除、重建、合并和分裂。吴建华等(2008)将面目标变化分为变形、收缩、放大、移动、消失、综合和新增七种;徐文祥(2011)将面目标的变化类型分为形状变化、面积变化、移动、消失、综合、新增等。表 7.2 为有代表性的不同变化分类方法的详细内容。

　　分析现有的变化分类与描述方法可以发现,现有的变化分类大多缺乏针对性和系统性,变化类型定义也欠准确,名称也不一致;此外,现有的变化分类侧重于空间目标的时间尺度变化,忽略了不同空间尺度引起的差异。多尺度地图数据区别于一般地理空间信息数据的重要一面就是其空间尺度,为此,接下来详细探讨多尺度地图点、线和面三种基本类型空间目标的变化分类。

表 7.2　空间目标变化分类代表性研究成果

学者	变化类型	分类数	说明
Claramunt et al	出现、消失、稳定、移动、旋转、扩大、缩小和变形	8	
Zhou et al	出现、消失、稳定、移动、旋转、扩大、缩小、重现和变形	9	
Hornsby et al	继续没有历史的不存在、新建、忆起、永久删除、继续存在、删除、忘记、唤醒、继续不存在	9	基于存在、有历史的不存在和无历史的不存在三种对象状态
Renolen	创建、改变、稳定、再现、合并和分裂	6	
Raza et al	出现、大小变化、形状变化、移动、消失、变换、合并和分裂	8	针对地块等面目标
朱华吉	出现、消亡、偏移、收缩、扩张、分裂和分割	7	针对图元
Wilmsen	扩张、收缩、移动、稳定、分裂和合并	6	
Stefani	创建、扩大、拆除、重建、合并和分裂	6	针对建筑物
吴建华 等	变形、收缩、放大、移动、消失、综合和新增	7	
徐文祥	形状变化、面积变化、移动、消失、综合、新增	6	

7.3.1　多尺度地图空间目标变化分类

　　多尺度地图中的空间目标包括点、线和面三种基本类型,不同类型的空间目标,其变化类型也不相同,空间目标变化的种类随着空间目标维数的增加而增多。

下面以现势性较强的较大比例尺地图 M_L 和现势性较弱的较小比例尺地图 M_S 为例,分析三种基本类型空间目标的变化种类。

　　对于点目标,其变化情况较简单,变化类型也较少,主要包括"出现"和"消失"两种,如表 7.3 所示。线目标的变化类型则包括"出现""消失""延伸"和"收缩"四种,如表 7.4 所示。

表 7.3　点目标变化类型

变化类型	较大比例尺地图 M_L	较小比例尺地图 M_S
出现		
消失		

表 7.4　线目标变化类型

变化类型	较大比例尺地图 M_L	较小比例尺地图 M_S
出现		
消失		
延伸		

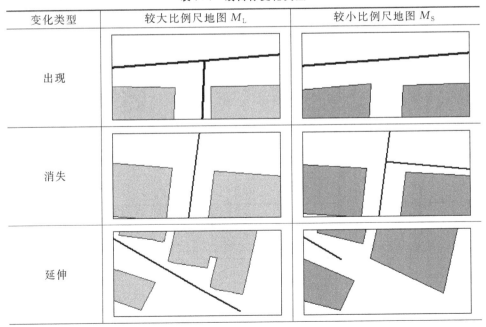

变化类型	较大比例尺地图 M_L	较小比例尺地图 M_S
收缩	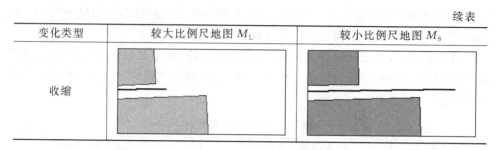	

　　面目标的变化情形最复杂,涉及的变化类型也最多,单个面目标的变化类型包括"出现""消失""扩张""收缩""移位"和"旋转"六种基本类型,如表 7.5 所示,两种或两种以上基本变化类型通过排列组合又衍生出更多复杂的变化类型,例如,先旋转、后移位、再收缩,考虑现实世界中面目标极少出现多种基本变化类型组合的复合变化类型,因此,涉及多种面目标基本变化类型组合的复合变化类型不属于本小节的探讨范畴;多个面目标的基本变化类型包括"分裂""合并"和"先分裂后合并"三种,如表 7.6 所示。

表 7.5　单个面目标基本变化类型

变化类型	较大比例尺地图 M_L	较小比例尺地图 M_S
出现		
消失		
扩张		
收缩		

续表

变化类型	较大比例尺地图 M_L	较小比例尺地图 M_S
移位		
旋转		

表 7.6　多个面目标变化类型

变化类型	较大比例尺地图 M_L	较小比例尺地图 M_S
分裂		
合并		
先分裂后合并		

7.3.2　多尺度地图空间目标变化描述

1. 点目标变化描述

对于点目标,变化类型"出现"指原本在较小比例尺地图 M_S 中不存在的点目标存在于较大比例尺地图 M_L 中,如表 7.3 所示,编号为"S13"的水准点为新埋设水准点,且不存在于较小比例尺地图 M_S 中,则其变化为"出现",进而可形式化描述为

$$\exists P \in \mathbf{R}^2, P \subset M_L \text{ 且 } P \not\subset M_S \qquad (7.1)$$

变化类型"消失"指原本在较小比例尺地图 M_S 中存在的点目标不再存在于较大比例尺地图 M_L 中,如表 7.3 所示,较小比例尺地图 M_S 中编号为"I19"的平面控制点遭到破坏,在较大比例尺地图 M_L 中不复存在,此变化即为"消失",并可形式化描述为

$$\exists P \in \mathbf{R}^2, P \not\subset M_L \text{ 且 } P \subset M_S \qquad (7.2)$$

2. 线目标变化描述

对于线目标,如表 7.4 所示,变化类型"出现"指原本在较小比例尺地图 M_S 中不存在的线目标存在于较大比例尺地图 M_L 中,并可形式化描述为

$$\exists L \in \mathbf{R}^2, L \subset M_L \text{ 且 } L \not\subset M_S \qquad (7.3)$$

变化类型"消失"指原本在较小比例尺地图 M_S 中存在的线目标不再存在于较大比例尺地图 M_L 中,并可形式化描述为

$$\exists L \in \mathbf{R}^2, L \not\subset M_L \text{ 且 } L \subset M_S \qquad (7.4)$$

变化类型"延伸"指较小比例尺地图 M_S 中长度为 l 的线目标在较大比例尺地图 M_L 中长度变化为 $l + \Delta l$,且 $\Delta l > 0$,并可形式化描述为

$$L_{M_S} \subset L_{M_L} \qquad (7.5)$$

变化类型"收缩"指较小比例尺地图 M_S 中长度为 l 的线目标在较大比例尺地图 M_L 中长度变化为 $l - \Delta l$,且 $l > \Delta l > 0$,并可形式化描述为

$$L_{M_L} \subset L_{M_S} \qquad (7.6)$$

3. 面目标变化描述

对于单个面目标,基本变化类型共有六种。变化类型"出现"指原本在较小比例尺地图 M_S 中不存在的面目标存在于较大比例尺地图 M_L 中,如表 7.5 所示,编号为"43"的面目标为新近建设的建筑物,在较小比例尺地图 M_S 中不存在,其变化即为"出现",并可形式化描述为

$$\exists A \in \mathbf{R}^2, A \subset M_L \text{ 且 } A \not\subset M_S \qquad (7.7)$$

变化类型"消失"指原本在较小比例尺地图 M_S 中存在的面目标不再存在于较大比例尺地图 M_L 中,如表 7.5 所示,地图 M_S 中编号为"25"的面目标为新近拆除的建筑物,在较大比例尺地图 M_L 中不复存在,其变化即为"消失",并可形式化描述为

$$\exists A \in \mathbf{R}^2, A \not\subset M_L \text{ 且 } A \subset M_S \qquad (7.8)$$

变化类型"扩张"指较小比例尺地图 M_S 中面积为 S 的面目标在较大比例尺地图 M_L 中面积变化为 $S + \Delta S$,且 $\Delta S > 0$,如表 7.5 所示,较小比例尺地图 M_S 中编号分别为"3844"和"3840"的水系面目标因蓄水量增加,在较大比例尺地图 M_L 中汇水面积也相应增大,其变化即为"扩张",并可形式化描述为

$$A_{M_S} \subset A_{M_L} \qquad (7.9)$$

　　变化类型"收缩"指较小比例尺地图 M_S 中面积为 S 的目标在较大比例尺地图 M_L 中面积变化为 $S-\Delta S$，且 $S>\Delta S>0$，如表 7.5 所示，较小比例尺地图 M_S 中编号为"591"的水系面目标因蓄水量减少，在较大比例尺地图 M_L 中汇水面积相应减小，其变化即为"收缩"，并可形式化描述为

$$A_{M_L} \subset A_{M_S} \qquad (7.10)$$

　　变化类型"移位"指地图中面目标由位置 loc_1 移动至位置 loc_2，如表 7.5 所示，较小比例尺地图 M_S 中编号分别为"14""170"和"178"的面目标由离道路较近的位置移至距道路较远的位置，其变化即为"移位"，并可形式化描述为

$$\exists \delta \in \mathbf{R}^2, \delta \neq 0: \{a_{M_S}+\delta \mid a_{M_S} \in A_{M_S}\}=A_{M_L} \qquad (7.11)$$

　　变化类型"旋转"则指地图中面目标绕其中心转动角度 θ，如表 7.5 所示，为使较小比例尺地图 M_S 中编号为"975"的面目标方位与道路一致，旋转了一个角度，其变化即为"旋转"，并可形式化描述为

$$\exists \theta \in (0,2\pi): \left\{a_{M_S} \times \begin{vmatrix} \cos\theta & -\sin\theta \\ \sin\theta & \cos\theta \end{vmatrix} \middle| a_{M_S} \in A_{M_S} \right\}=A_{M_L} \qquad (7.12)$$

　　对于多个面目标，如表 7.6 所示，变化类型"分裂"指原本在较小比例尺地图 M_S 中的一个面目标分裂为较大比例尺地图 M_L 中的多个面目标，地图 M_S 中编号为"878"的面目标一分为二，对应较大比例尺地图 M_L 中两个面目标，其变化即为"分裂"，并可形式化描述为

$$\bigcup_1^n A_{L_i}=A_S \qquad (7.13)$$

式中，A_{L_i} 为较大比例尺地图 M_L 中分裂变化后的各个面目标，A_S 为较小比例尺地图 M_S 中分裂变化前的面目标。

　　变化类型"合并"指原本在较小比例尺地图 M_S 中的多个面目标以一个面目标的形式存在于较大比例尺地图 M_L 中，如表 7.6 所示，较小比例尺地图 M_S 中编号分别为"630"和"626"的两个面目标合二为一，对应于较大比例尺地图 M_L 中一个面目标，其变化即为"合并"，并可形式化描述为

$$A_L=\bigcup_1^m A_{S_j} \qquad (7.14)$$

式中，A_L 为较大比例尺地图 M_L 中合并变化后的面目标，A_{S_j} 为较小比例尺地图 M_S 中合并变化前的各个面目标。

　　变化类型"先分裂后合并"则指较小比例尺地图 M_S 中某一个面目标"分裂"后再分别与相应的邻近面目标合并，如表 7.6 所示，较小比例尺地图 M_S 中编号为"1054"的面目标分为上下两部分，上下两部分又与各自相邻的"1055"和"1056"两个面目标分别合并，其变化即为"先分裂后合并"，并可形式化描述为

$$\bigcup_1^n A_{L_i}=\bigcup_1^m A_{S_i} \qquad (7.15)$$

式中，A_{L_i} 为较大比例尺地图 M_L 中先分裂再合并变化后的各个面目标，A_{S_i} 为较小比例尺地图 M_S 中先分裂再合并变化前的各个面目标。

§7.4　多尺度地图空间目标变化探测方法

如前所述,由于不同比例尺地图对空间实体表达的详细程度各不相同(李志林,2005;艾廷华 等,2005),因此,同名实体在不同比例尺地图中的差异是不可避免的,这种差异既包括空间实体真实变化引起的差异又包括地图比例尺变换的制图综合需要产生的差异。变化探测的任务就是要对差异进行分析、甄别和区分。

7.4.1　多尺度地图数据几何变化探测

多尺度地图数据类型包括点、线和面三种,点实体是 0 维空间目标,无几何形状及描述参数;线实体属于一维空间目标,其几何特征常用长度、方向和弯曲等参数度量;面实体属于二维空间目标,其几何特征的描述参数包括边数、周长、面积、形状和方向等。对多尺度地图数据的几何变化进行探测实质上是利用描述参数比较同名目标的几何特征,并将度量参数值的差异与预设的阈值或规则对照进行变化探测,其中的阈值选择和规则设定是关键。

就线目标而言,按地图比例尺由大到小对应,不同比例尺地图数据间的同名目标类型主要包括线-线同名目标对和面-线同名目标对,两类同名目标对又细分为六种对应模式,即 $1:0$、$1:1$、$0:1$、$1:M$、$N:1$ 和 $N:M$(赵彬彬,2011),对于面-线同名目标对中的面目标需先进行"中轴化"处理,以获取其骨架线(Bader et al,1997),然后利用长度几何度量参数,按不同模式分别探测变化:通过将线目标(中轴线)长度差异 Δl 与差异阈值 δ_L(如 $1:1$ 模式)或线目标长度 l 与较小比例尺地图长度最小表达值 $l_{\min}$(如 $1:0$ 模式)进行比较。当涉及多个线目标时(如 $1:M$ 模式等),情况则复杂些,顾及多个线目标中可能包含长度小于较小比例尺地图最小长度表达值的线目标,因此,需考察去除这些线目标后的长度差异 $\Delta l'$ 及其阈值 δ_L',流程如图 7.5 所示。

对于面目标,不同比例尺地图数据间的同名面目标对也包括 $1:0$、$1:1$、$0:1$、$1:M$、$N:1$ 和 $N:M$ 六种对应模式(赵彬彬,2011),考虑涉及多个面目标时,几何差异度量阈值难以确定,因此,面积、重叠度等几何度量参数较适用于 $1:0$、$1:1$ 和 $0:1$ 三种模式的同名面目标对,这些模式涉及的面目标变化类型包括"出现""消失""扩张""收缩""旋转"和"移位"。通过将面目标面积 S 与较小比例尺地图面积最小表达值 $S_{\min}$(如 $1:0$ 模式)进行比较探测变化类型"出现";通过模式 $0:1$ 探测变化类型"消失";通过面目标面积差异 ΔS 的正负及其与差异阈值 δ_S(如 $1:1$ 模式)的比较探测变化类型"扩张"和"收缩"。流程如图 7.6 所示。

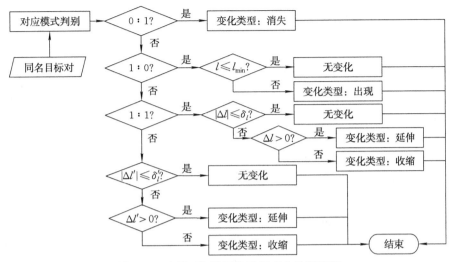

图 7.5　面-线、线-线同名目标变化检测流程

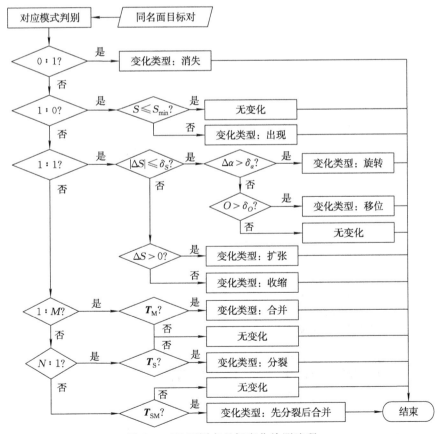

图 7.6　面-面同名目标变化检测流程

7.4.2　多尺度地图数据拓扑关系变化探测

当涉及多个面目标时（如 $1：M$ 模式等），单纯基于几何度量参数的变化探测受到局限，必须考虑目标之间的拓扑关系。空间关系是描述空间实体之间相对位置约束的一种空间信息，具体包括方向关系、度量关系和拓扑关系三大类。其中，最受关注的是拓扑关系。所谓拓扑关系即指满足拓扑几何学原理的点、线和面实体之间相离、相邻和相交等相对空间位置关系（陈军 等，1999）。

目前，国内外学者们已经提出了多种用于描述空间实体拓扑关系的基本模型，包括四交模型（Egenhofer et al,1991a）、九交模型（Egenhofer et al,1991b）、基于 Voronoi 图的九交模型和四交差模型（4-intersection-difference model）等。面实体是一类常见而非常重要的空间目标，其变化类型也相对复杂。下面采用四交差模型对多尺度地图空间面目标变化进行探测。四交差模型由两个面目标 A 的内部与 B 的内部之交集（$A^0 \bigcap B^0$）、A 与 B 之差集（$A-B$）、B 与 A 之差集（$B-A$），以及 A 的边界与 B 的边界之交集（$\partial A \bigcap \partial B$）四部分构成，并可表达为

$$\boldsymbol{T}_1(A,B) = \begin{bmatrix} A^0 \bigcap B^0 & A-B \\ B-A & \partial A \bigcap \partial B \end{bmatrix} \qquad (7.16)$$

式中，各元素取值为 $\varnothing$ 或 $\neg\varnothing$，即"空"或"非空"。

如前所述，"合并""分裂"和"先分裂后合并"三类变化分别对应 $1：M$、$N：1$ 和 $N：M$ 三种不同模式的同名面目标对，而由较大比例尺地图数据派生较小比例尺地图数据时，某些制图综合操作算子（Li,2007）也将产生上述三种不同模式的同名面目标对（赵彬彬，2011），例如，"split"算子将产生 $1：M$ 面目标对，如表 7.7 所示。因此，为了探测地图数据变化，必须进一步区分由真实变化和制图综合操作算子产生的相同模式的同名面目标。下面基于四交差模型对 $1：M$、$N：1$ 和 $N：M$ 模式面目标对的变化情况和制图综合操作情况进行对比分析（Zhao et al,2014）。

表 7.7　制图综合算子与不同模式同名面目标对例图

模式	较大比例尺地图 M_L	较小比例尺地图 M_S	算子
$1：M$			split
$N：1$			aggregation、amalgamation
$N：M$			agglomeration、relocation、simplification、typification

如表 7.8 所示，$1：M$、$N：1$ 和 $N：M$ 三种对应模式的同名面目标对在制图综合操作和真实变化发生前后各面目标之间拓扑关系的四交差模型取值区别：

（1）对于 $1:M$ 模式同名面目标对,制图综合算子"split"操作后的较小比例尺地图 M_S 中面目标之间的四交差拓扑关系模型取值为 $\begin{bmatrix} \varnothing & \neg\varnothing \\ \neg\varnothing & \varnothing \end{bmatrix}$,而合并变化发生前的较小比例尺地图 M_S 中面目标之间的四交差拓扑关系模型取值则为 $T_M = \begin{bmatrix} \varnothing & \neg\varnothing \\ \neg\varnothing & \neg\varnothing \end{bmatrix}$;

（2）对于 $N:1$ 模式同名面目标对,制图综合算子"aggregation"等操作前的较大比例尺地图 M_L 中各个面目标之间的四交差拓扑关系模型取值为 $\begin{bmatrix} \varnothing & \neg\varnothing \\ \neg\varnothing & \varnothing \end{bmatrix}$,而分裂变化发生后的较大比例尺地图 M_L 中各个面目标之间的四交差拓扑关系模型取值则为 $T_S = \begin{bmatrix} \varnothing & \neg\varnothing \\ \neg\varnothing & \neg\varnothing \end{bmatrix}$;

（3）对于 $N:M$ 模式同名面目标对,制图综合算子"typification"等操作前后的较大比例尺地图 M_L 和较小比例尺地图 M_S 中各面目标之间的四交差拓扑关系模型取值均为 $\begin{bmatrix} \varnothing & \neg\varnothing \\ \neg\varnothing & \varnothing \end{bmatrix}$,而先分裂后合并变化发生前后的较大比例尺地图 M_L 和较小比例尺地图 M_S 中各个面目标之间的四交差拓扑关系模型取值均为 $T_{SM} = \begin{bmatrix} \varnothing & \neg\varnothing \\ \neg\varnothing & \neg\varnothing \end{bmatrix}$。

由此可见,通过四交差拓扑关系模型的取值可以有效地区分由制图综合操作和真实变化引起的不同比例尺地图数据面目标之间的差异,变化探测流程如图 7.6 所示。

表 7.8　不同模式面目标对的四交差拓扑关系模型取值

模式	地图	制图综合		四交差模型取值	真实变化		四交差模型取值
		算子	图示		类型	图示	
$1:M$	M_L	split		—	合并		—
	M_S			$\begin{bmatrix} \varnothing & \neg\varnothing \\ \neg\varnothing & \varnothing \end{bmatrix}$			$\begin{bmatrix} \varnothing & \neg\varnothing \\ \neg\varnothing & \neg\varnothing \end{bmatrix}$
$N:1$	M_L	aggregation amalgamation		$\begin{bmatrix} \varnothing & \neg\varnothing \\ \neg\varnothing & \varnothing \end{bmatrix}$	分裂		$\begin{bmatrix} \varnothing & \neg\varnothing \\ \neg\varnothing & \neg\varnothing \end{bmatrix}$
	M_S			—			—

续表

模式	地图	制图综合		四交差 模型取值	真实变化		四交差 模型取值
		算子	图示		类型	图示	
N：M	M_L	agglomeration relocation simplification typification	▦	$\begin{bmatrix} \varnothing & \neg\varnothing \\ \neg\varnothing & \varnothing \end{bmatrix}$	先分裂 后合并		$\begin{bmatrix} \varnothing & \neg\varnothing \\ \neg\varnothing & \neg\varnothing \end{bmatrix}$
	M_S		▬	$\begin{bmatrix} \varnothing & \neg\varnothing \\ \neg\varnothing & \varnothing \end{bmatrix}$			$\begin{bmatrix} \varnothing & \neg\varnothing \\ \neg\varnothing & \neg\varnothing \end{bmatrix}$

7.4.3 多尺度地图数据度量关系变化探测

多尺度地图数据度量关系变化的探测即通过距离度量对"移位"变化类型进行探测,主要适用于1：1模式同名面目标对。

如图7.7所示,图中(a)和(b)为同名面目标对,比较两者面积差异 $|\Delta S|$ 与面积差异阈值 δ_S,满足 $|\Delta S| \leqslant \delta_S$,进而比较方向差异及其阈值,未发生"旋转"变化;继而,计算重叠度 O(图7.7(c)),并将其与重叠度阈值 δ_O 进行比较,判断重叠度满足 $O < \delta_O$。 因此,该面目标发生"移位"变化,最终导致面目标与道路之间的度量(距离)关系发生变化,"移位"变化类型的探测过程如图7.6所示。

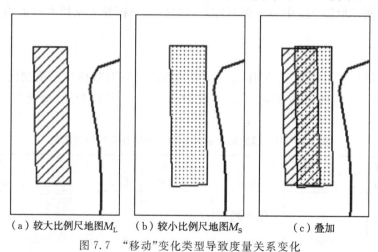

（a）较大比例尺地图M_S　　（b）较小比例尺地图M_S　　　（c）叠加

图 7.7 "移动"变化类型导致度量关系变化

7.4.4 多尺度地图数据方向关系变化探测

多尺度地图数据方向关系变化的探测主要是通过方向度量对"旋转"变化类型进行探测,主要适用于1：1模式同名面目标对。

如图7.8所示,图中(a)和(b)分别为两幅不同比例尺地图中的一对同名面目标,较小比例尺地图 M_S 中面目标主轴线与道路呈一定角度,其方位角为 α_S,发生

"旋转"变化之后,其轴线方向与道路方向一致,其方位角为 α_L,该变化类型通过选择合适的方位角阈值 δ_a 并将其与变化前后方位角值之差 $\Delta\alpha = \alpha_L - \alpha_S$ 进行比较来判断,"旋转"变化类型判断流程如图 7.6 所示。

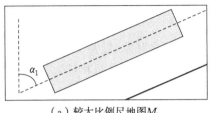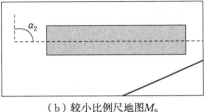

（a）较大比例尺地图 M_L 　　　　　　（b）较小比例尺地图 M_S

图 7.8　"旋转"变化类型导致方向关系变化

7.4.5　多尺度地图数据语义关系变化探测

如图 7.9 所示,图中(a)和(c)为 $N:1$ 模式同名面目标对,其中,(a)为较大比例尺地图空间实体,(c)为较小比例尺地图空间实体,(b)和(d)分别为与之对应的属性数据,很显然,(a)中"地物名称"分别为"配电间""车库"和"办公楼"等的空间实体均隶属于其所有单位——"市第三供电所"(图 7.9(c))。若简单地从语义属性值的角度来看,同名面目标之间存在差异,然而,这种差异并非由真实变化引起,而是由制图综合、语义概括导致,两种不同比例尺地图数据中各空间实体的语义属性存在层次隶属关系,如图 7.9(e)所示。由此可见,多尺度地图数据语义属性变化的探测其实是同名目标的语义属性之间的层次隶属与否的判断过程,这种探测方法对空间实体属性数据的完整性要求较高,需要打破各个部门、各个单位和各个行业之间在数据质量、共享等方面长期存在的各自为政的壁垒,这在实际生产中是难以实现的,因此,其实用性和可操作性有待进一步验证。

FID	Shape	DIWUMINGCHENG	SUOYOUDANWEI	……
14417	Polygon	配电间	市第三供电所	……
14418	Polygon	车库	市第三供电所	……
14419	Polygon	办公楼	市第三供电所	……

（a）较大比例尺面目标　　　　　　（b）较大比例尺面目标属性数据

FID	Shape	DIWUMINGCHENG	……
5278	Polygon	市第三供电所	……

（c）较小比例尺面目标　　（d）较小比例尺面目标属性数据　　（e）属性隶属关系

图 7.9　语义属性变化及其层次隶属关系

§7.5　实验分析

7.5.1　实验一

实验一以两种不同比例尺的水系数据作为实验对象,针对多尺度地图空间面目标与线目标之间的变化进行探测,如图 5.20 所示,图中(a)和(b)分别为实验区 1：10 000 面状水系数据(现势性较好)和 1：50 000 线状水系数据(现势性较差),前者共含 67 个面目标,后者共含 15 个线目标,如表 5.10 所示。两种比例尺地图中匹配目标对共计 68 对,包括 1：0 模式 64 对,0：1 模式 2 对,1：M 模式 1 对,N：M 模式 1 对,另两种模式(即 1：1 和 N：1)均为 0 对。以两种比例尺的实验区水系目标匹配结果为基础,依据上节所述变化类型和变化探测方法对各种模式的匹配目标对进行考察后(参照相关规范规定的图上最小尺寸),获得变化探测结果如表 7.9 所示。

表 7.9　1：10 000 面目标与 1：50 000 线目标匹配对变化探测实验结果

匹配模式	匹配对数	变化数	差异驱动	变化类型	未变化数	差异驱动
1：0	64	14	实际变化	出现	50(34)	制图综合
0：1	2	2	实际变化	消失	0	
1：M	1	0			1	制图综合
N：M	1	1	实际变化	改变	0	

1：0 模式匹配目标对中共有 14 个 1：10 000 比例尺面目标为新出现面目标(即其面积大于 1：50 000 比例尺地图所能表达的最小尺寸),另外 50 个面目标未发生变化(其中有 34 个面目标面积小于 1：50 000 比例尺地图所能表达的最小尺寸,其余 16 个 1：10 000 比例尺面目标与 1：50 000 比例尺面目标匹配);

0：1 模式匹配目标的 2 个线目标均已发生变化,其变化类型为"消失";

1：M 模式匹配目标对长度差异仅 2.6%(选取阈值为 10%),小于阈值,差异属制图综合驱动,地物未发生变化;

N：M 模式匹配目标对长度差异为 12.2%,大于阈值,差异属实际变化驱动,地物已发生变化,变化类型为"改变"。

如图 7.10 为面-线匹配目标变化探测实验结果,经比对、判断和检查,从面-线匹配对的变化探测实验结果来看,效果良好,达到了预期目标,能准确地将不同匹配模式的面线匹配目标间由实际变化驱动的差异与制图综合驱动的差异区分开来。

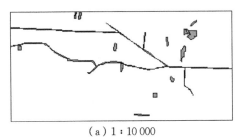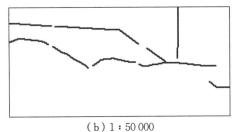

　　　　　（a）1∶10 000　　　　　　　　　　　　（b）1∶50 000

图 7.10　水系数据变化探测实验结果

7.5.2　实验二

　　实验二以两种不同比例尺的居民地数据作为实验对象（图 5.22），针对多尺度地图空间面目标与面目标之间的变化进行探测。图 5.22（a）和图 5.22（b）分别为实验区 1∶2 000 居民地数据（现势性较好）和 1∶10 000 居民地数据（现势性较差），前者共含 732 个面目标，后者共含 181 个面目标，如表 5.14 所示。两种比例尺地图中匹配目标对共计 550 对，包括 1∶0 模式 369 对，1∶1 模式 98 对，0∶1 模式 5 对，$N∶1$ 模式 78 对，另两种模式（即 1∶M 和 $N∶M$）均为 0 对。

　　参照相关规范规定的图上最小尺寸（取 $A_{min}=1 \text{ mm}^2$），并按上述方法分别对各种模式（即分别取 $\varepsilon_P=10\%$，$\varepsilon_A=20\%$，$\varepsilon_O=70\%$）的匹配目标对进行考察，得到变化探测结果，如表 7.10 所示。其中：

　　（1）1∶0 模式匹配目标对中共有 93 个 1∶2 000 比例尺面目标（图上面积大于等于 1 mm²）为新出现面目标，即其变化类型为"出现"，另外 276 个面目标（图上面积小于 1 mm²）未发生变化，其匹配目标对之间的差异为制图综合驱动；

　　（2）1∶1 模式匹配目标对中的 13 个面目标已发生变化，其变化类型为"改变"，另外 85 个面目标未发生变化，其匹配目标对之间的差异为制图综合驱动；

　　（3）0∶1 模式匹配目标对中的 5 个面目标均已发生变化，其变化类型为"消失"；

　　（4）$N∶1$ 模式匹配目标对中的 8 对面目标已发生变化，变化类型为"改变"，另外 70 对面目标未发生变化，其差异属制图综合驱动。

表 7.10　1∶2 000、1∶10 000 比例尺地图面目标匹配对变化探测实验结果

匹配模式	匹配对数	变化数	差异驱动	变化类型	未变化数	差异驱动
1∶0	369	93	实际变化	出现（新建）	276	制图综合
1∶1	98	13	实际变化	改变（改建）	85	制图综合
0∶1	5	5	实际变化	消失（拆除）	0	
$N∶1$	78	8	实际变化	改变（改建）	70	制图综合

　　对于匹配模式为 1∶0 的面目标，根据规范，此处 1∶10 000 比例尺地图中面目标的图上最小面积取 1 mm²，即认为图上面积小于该值的居民地面目标在该比

例尺地图中由于综合操作而消失。如表 7.10 所示,1∶0 匹配模式的面目标对数为 369,即 1∶2 000 地图数据中有 369 个面目标在 1∶10 000 地图中无对应面目标,这其中在比例尺为 1∶10 000 地图中图上面积小于 1 mm² 的面状地物数共计为 276 个,这 276 个面目标被认为"未变化",其余 93 个面目标已发生变化,显而易见,其变化类型为"新建"。

图 7.11 为实验区局部,1∶0 匹配模式共 20 例,包括编号为 365、364、282、397、397、726、366、413、367、368、348、369、370、345、346、347、381、338、380 和 4 的面目标。其中编号为 366、348、369、370、345、4 和 380 的 7 个为未发生变化的面目标,其余 13 个均为"新建"面目标。

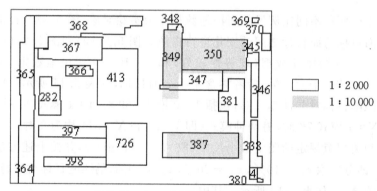

图 7.11   1∶0 匹配模式变化探测示例

1∶1 匹配模式的面目标主要考察匹配对中两面目标的边界周长、面积差异和重叠度是否超过阈值。图 7.12 为实验区局部,1∶1 匹配模式共 12 例,包括编号为 219、205、171、263、172、217、157、228、229、227、147 和 98 的面目标对。其中编号为 98 和 263 的两对面目标已发生变化,其变化类型为"改建",其余 10 对均为未发生变化的面目标。这两对面目标的周长差异和面积差异分别为 21.7%、35.1% 和 504.7%、1 703.6%。

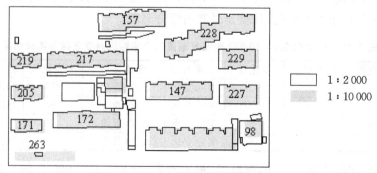

图 7.12   1∶1 匹配模式变化探测示例

对于匹配模式为 0∶1 的面目标对,如上节分析,这种匹配模式的地物已发生变化,其变化类型为"拆除",即在新的较大比例尺地图中已消失,而在旧的较小比例尺地图中则依然存在。

如表 7.10 所示,0∶1 匹配模式的面目标对数为 5,即 1∶10 000 地图的实验区数据中有 5 个面目标在 1∶2 000 地图中无对应面目标,这 5 个面目标均"已发生变化",显而易见,其变化类型为"拆除"。图 7.13 为实验区局部,0∶1 匹配模式共 3 例,包括编号为 82、108 和 112 的面目标。

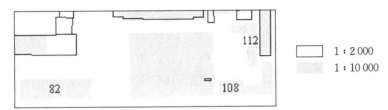

图 7.13　0∶1 匹配模式变化探测示例

在由大比例尺综合派生中、小比例尺地图时,N∶1 匹配模式的面目标对所占的比重是较大的。如表 7.10 所示,N∶1 匹配模式的面目标对数为 78,经计算比较,其中有 70 对是"未发生变化"的,另外 8 对则已发生变化,其变化类型均为"改变(改建)"。如图 7.14 所示,图中编号为 14、29、30 和 177 的匹配对其匹配模式均为 N∶1。经计算比较,只有 14 号匹配面目标对未发生变化,其余三对(即编号为 29、30 和 177 的匹配目标对)均已发生变化,且变化类型均为"改变(改建)"。

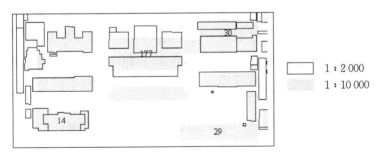

图 7.14　N∶1 匹配模式变化探测示例

图 7.15 为面-面匹配目标变化探测实验结果,经比对、判断和检查,从面-面匹配对的变化探测实验结果来看,效果良好,能准确地将不同匹配模式的面-面匹配目标间由实际变化驱动的差异与制图综合驱动的差异区分开来,达到了预期目标。

7.5.3　实验结果分析

表 7.11 所示为实验结果的部分采样,其中白色面目标比例尺为 1∶2 000,灰色面目标比例尺为 1∶10 000,各模式匹配目标对变化探测示例分别如下:

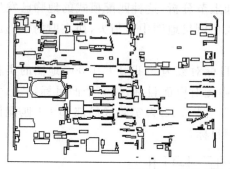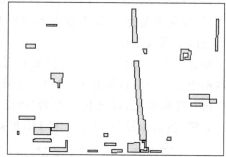

图 7.15 居民地数据变化探测实验结果

(1)1∶0 模式——168 号目标面积 A_{168} 为 1 012.735 m²，大于 $A_{\min}$（图上 1 mm²），变化类型为"出现"，即"新建"房屋；166 号目标面积 A_{166} 为 16.533 m²，小于 $A_{\min}$，未发生变化。

(2)1∶1 模式——263 号目标对周长差异 δ_P 为 83.4%，大于 ε_P（15%），变化类型为"改变"，即"改建"房屋；157 号目标对周长差异 δ_P 为 12.4%，小于 ε_P（15%），面积差异 δ_A 为 3.9%，小于 ε_A（20%），重叠度 δ_O 为 92.6%，大于 ε_O（75%），未发生变化。

(3)0∶1 模式——82 号面目标变化类型为"消失"，即"拆除"房屋。

(4) N∶1 模式——179 号目标对重叠度 δ_O 为 31.5%，小于 ε_O（75%），变化类型为"改变"，即"改建"房屋；14 号目标对重叠度 δ_O 为 87.5%，大于 ε_O，未发生变化。

总体而言，上述方法取得了较理想的变化探测结果，但也存在有待深入研究之处，例如，实验结果也与比例尺跨度和阈值大小的选择相关，同时，受到某种匹配模式的现实出现概率很小且可获得的有限实验数据的局限，未能获得某种匹配模式的目标对的变化探测实验结果。

表 7.11 1∶2 000、1∶10 000 面目标匹配对差异度量样本

匹配模式	实验样本		度量指标	差异值
	已变化	未变化		
1∶0	168	166	$A_N : A_{\min}$	$A_{168} > A_{\min}$ $A_{166} < A_{\min}$
1∶1	263	157	$\delta_P , \delta_A , \delta_O$	$263 : \delta_P > \varepsilon_P$ $157 : \delta_P < \varepsilon_P$ $\delta_A < \varepsilon_A$ $\delta_O > \varepsilon_O$

续表

匹配模式	实验样本		度量指标	差异值
	已变化	未变化		
0:1	82			
N:1	179	14	δ_O	$179{:}\delta_O < \varepsilon_O$ $14{:}\delta_O > \varepsilon_O$

§7.6　本章小结

　　目标匹配是实现多尺度地图数据合并、持续更新的关键技术和重要环节之一 (陈军 等,2004),其目标是利用新的较大比例尺地图数据更新旧的较小比例尺地图数据,从而在不同比例尺地图数据间传播变化,实现协同更新。目标匹配技术的应用已深入到地理信息科学领域的空间数据质量改善和评价、多源空间数据集成(或融合)、多尺度空间数据库的维护和更新、基于位置服务的导航等诸多方面。本章分析探讨了匹配目标间的变化探测问题,与涉及图像处理的遥感影像变化探测不同的是,此处基于目标匹配技术,从空间目标的几何特征出发,对多尺度矢量地图空间目标变化探测问题进行考察,也是目标匹配技术应用于多尺度地图协同更新的研究。具体工作包括:分析了多尺度地图空间匹配目标(主要包括面目标与线目标匹配对和面目标与面目标匹配对)之间的差异产生原因,并将差异的驱动因素归纳为制图综合和实际变化,明确了变化探测的目的和任务,对空间目标的变化类型进行了归纳、分类(即出现、消失和改变三类)。针对最常见、情况最复杂的面与面匹配目标之间的变化探测,从不同匹配模式的角度,详细分析提出了差异驱动因素的判别方法,探讨了各模式变化探测问题,实验结果也证明了该方法的可行性、实用性和有效性,为多尺度地图更新提供了基础和有效的技术方法,但在探测结果的评价方面还有待进一步研究。

第8章 多尺度地图数据不一致性来源、分类与描述

地理空间数据是国家空间数据基础设施建设的一项关键内容,时间尺度、空间尺度连续且内容协调一致是现实应用对地理空间数据要求的理想状态。然而,地理空间数据库建设至今采取的"多库多版本"模式(如中国、德国、英国、瑞士等已建成的国家级地图数据库)往往采用不同的技术、标准、接口和平台等,使得空间数据存在多类型、多尺度、多精度、多时态、多参照系和多语义系统等问题,同一地理实体的不同尺度表达之间的联系被割裂,比例尺之间过渡不平稳,忽略了地理空间数据多尺度表达的一致性及其维护需求。进而,导致多尺度地理空间数据在内容、精度、时态、参照系和语义系统等方面不一致,数据更新困难,成本高,极大地限制了地理空间数据的扩展应用,无法有效支撑依赖于多种尺度空间数据协同工作的复合型空间决策。

衡量信息系统的一个关键指标是数据质量,空间数据质量包括五个基本特征,即误差(error)、准确度(accuracy)、精度(precision)、完整性(completeness)和一致性(consistency)(Gadish,2001)。其中,一致性是国际公认的空间数据质量评价关键指标(Servigne et al,2000)。一致性是指同一现象或同类现象在不同表达之间的一致程度。空间数据对象之间存在的矛盾或冲突即为不一致性,它是由两种相矛盾的事实所产生的一种数据不完整性。

空间数据不一致性指在空间数据对象之间存在矛盾或冲突。不一致性是衡量数据库内部数据有效性的指标,常用来评价一个或多个数据库中的空间和属性信息间的完整性和匹配程度。国外对空间数据不一致性问题的研究起步较早,始于20世纪90年代初,随着空间数据模型、制图综合及空间数据多重表达等相关研究的深入,人们逐渐意识到保持空间目标在不同表达下几何特征、拓扑关系和语义等一致的重要性。随后二十年间,地理空间数据不一致性问题吸引了众多学者的关注,相关研究主要涉及地理空间数据不一致性特征分析、表达、度量、探测、处理及评价等方面(表1.1)。

相对于误差、准确度和精度而言,目前,地理信息科学领域对空间数据不一致性方面的关注明显较少,但不一致性对空间数据的理解、管理和增值应用的重要性却不言而喻。就GIS空间分析而言,要求被操作的空间对象在空间定位、属性、时态特征等方面具有完备一致的分辨率、精度描述,尤其要严格保持拓扑结构的一致性。然而,由于GIS数据来源的多样性和应用领域的广泛性,空间数据集成、融合、更新时极易产生不一致性问题,进而导致通过分析这些数据产生的结果不可靠,无法指导生产实践。例如,在灾害救援中,如果已有信息与实际情况不一致,则

会导致最佳救援时机的错失。为此,本章将在详细分析空间数据不一致性产生原因,归纳其表现形式的基础上,针对多尺度地图环境,对多尺度地图空间数据之间的不一致性类型进行系统地分析,进而对各类型的不一致性进行完整地描述,为更好地探测和处理多尺度地图数据之间的不一致性奠定基础。

§8.1　多尺度地图数据不一致性的主要来源

在生产实践中,导致空间数据不一致性的因素有很多,这些因素涉及空间数据获取、存储、分析和处理等各个阶段。例如,在线状要素获取过程中一般采集其坡度、方向发生变化的特征点,在计算机处理时则以线段为单元进行存储,在显示分析时,又常用样条曲线进行光滑处理以实现较佳的视觉效果,从而导致数据库对象与现实对象之间的不一致(Gadish,2001;史文中,2005)。

在空间数据获取和分析处理过程中,仪器设备、外界条件、观测者和数据源等因素都可能导致空间数据的不一致性,如表 8.1 所示。其中:①仪器设备的不完善(如仪器系统误差及其精度局限等),导致观测值与真值之间的不一致,例如,同一空间目标在不同空间分辨率传感器获取的影像中的几何形态、纹理等特征之间出现的不一致;②外界条件,如气压、温度、风、重力及磁场等因素都将对数据的获取产生影响,例如,随潮汐涨落的海水面使得海岸线观测值与实际情况不一致;③受人的感官约束,空间数据获取时观测者的主观判断与地理现象真实情况之间存在不一致,例如,在解译判读遥感影像中草地和林地界线时,不同主体的判读结果之间必然存在不一致;④现势性弱、质量低的数据被当作数据源使用,例如,在空间叠置分析中,由此产生的不一致性问题凸显在同名目标、相邻对象之间几何特征、拓扑关系等方面;⑤制图综合过程中,由综合操作算子引起空间目标形状、大小和位置及各空间目标之间空间关系等变化导致不一致;⑥在多尺度地图更新中,更新后的空间目标与其邻近目标发生空间关系冲突而引起不一致。

表 8.1　空间数据不一致性的产生原因

不一致性原因	示例	说明
仪器设备	低分辨率 高分辨率	仪器设备不完善

不一致性原因	示例	说明
外界条件		气压、温度、风、潮汐和重力等因素
观测者	草地　林地	感官局限
数据源	A　B	现势性弱、质量低
综合操作		综合操作算子作用
更新传播		更新后的变化目标

　　此外,空间数据模型等因素也可能导致不一致性的产生。数据模型是对现实世界空间数据的抽象,是各种地理现象的逻辑表达,而数据结构则是空间数据在计算机中的存储方式,是对地理现象的物理表达和处理。当数据模型抽象表达的地理特征不能通过一定的数据结构表达、处理时,就导致结构不一致。如图 8.1 所示,由岛屿和孔洞等若干个多边形组成的对象被存储为带内环的多边形,从而产生结构不一致性(简灿良,2013)。

图 8.1　结构不一致性

　　考虑多尺度地图数据的"尺度"特性是空间数据的两大基本特性之一,因此,本小节将多尺度地图数据之间的不一致性来源归纳为空间数据的质量差异、专题属性描述差异、空间数据成图和表达差异,以及空间数据分析和处理误差四个方面。

8.1.1 空间数据的质量差异

国民经济快速发展和科技水平迅速提高促使测绘科技工作成果与日俱增,但也伴随着很多值得关注的问题。现有的大量不同时期、不同来源、不同比例尺的地图数据在现势性、精度和详细程度等方面存在着较大的质量差异(李志林,2005)。如图 8.2 所示,图中(a)和(b)分别为不同来源的两幅相邻图幅的地图数据,由于两者的空间位置精度不同的缘故,在图幅边界位置附近,地图目标的空间位置差异导致相邻图幅中不同空间目标之间的不一致,如图 8.2(c)所示,图幅甲中的三个面目标均与图幅乙中的道路边界相交,同时,图幅乙中的三个面目标也与图幅甲中的道路边界相交,从而导致不一致,这种情况多出现于相邻图幅的地形图拼接过程中。

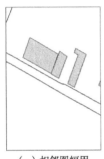 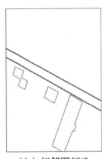 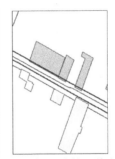

（a）相邻图幅甲　　　　（b）相邻图幅乙　　　（c）图幅甲和图幅乙接边

图 8.2 相邻两图幅接边过程中的不一致

不同时期空间数据由于现势性的不同也可能导致不一致性的产生。如图 8.3 所示,图中(a)为 2008 年中部地区某省会城市主城区的行政区划,辖五个区,图中(b)为 2011 年后,由于望城正式撤县设区,成为该市的第六区,致使该省会城市辖区产生不一致性问题。

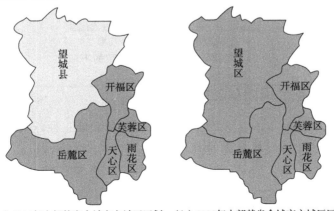

（a）2008年中部某省会城市主城区区划　（b）2012年中部某省会城市主城区区划

图 8.3 不同时期中部某省会城市主城区区划不一致

8.1.2　专题属性描述差异

现实世界中的客观事物通常具有多种特征,这些特征在不同的环境或条件下往往呈现出多样性,在地理信息领域中,通常将具有某类特征的地理实体按专题进行划分。同一地理实体因其同时具有多重特征,按不同专题属性分类时将产生不同划分结果,进而导致专题属性不一致。例如,在土地利用类型调查统计过程中,通常将土地划分为"工业用地""农业用地""建筑用地"等类型,图 8.4(a)中工厂与居民地周围的农田,由于常年闲置,杂草丛生,不再适宜耕作,已失去农业用地的特征,这种现象多见于快速城镇化的城乡接合部,将其划为建筑用地(图 8.4(b))或工业用地(图 8.4(c))时都将由专题属性描述差异导致不一致。

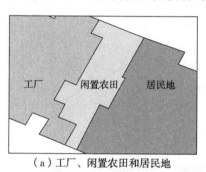

（a）工厂、闲置农田和居民地

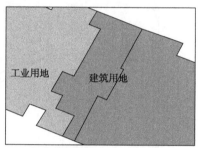

（b）将闲置农田划为建筑用地

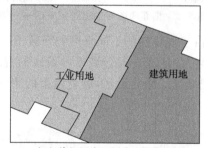

（c）将闲置农田划为工业用地

图 8.4　专题属性的描述差异导致的不一致

8.1.3　空间数据的成图和表达差异

在矢量地图中,基本的空间目标类型包括点、线和面三种,点目标采用坐标对 (x,y) 的形式表达,线目标则采用一连串的坐标对 $\{(x_1,y_1),(x_2,y_2),\cdots,(x_i,y_i),\cdots,(x_n,y_n)\}$ 表达,而面目标则采用首尾相连的坐标串 $\{(x_1,y_1),(x_2,y_2),\cdots,(x_i,y_i),\cdots,(x_n,y_n),(x_1,y_1)\}$ 表达。现实世界中的线要素往往曲折蜿蜒、形态万千,在地理信息领域中,通常被存储为首尾相接的线段组成的线目标,图 8.5(a)为以线段存储的线目标,图 8.5(b)中虚线弧段表示的为原线目标,实线弧段为经光滑处理后显示的线目标,体现了空间数据存储与表达的不一致。

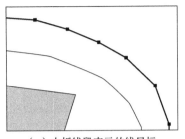 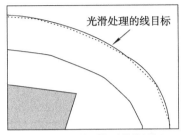

（a）由折线段表示的线目标　　　　　（b）经光滑处理表示的线目标

图 8.5　折线段线目标与光滑处理线目标的不一致

8.1.4　空间数据的分析和处理误差

空间数据是国民经济建设、政府决策和地理信息服务等综合应用的基础,在依赖多种比例尺空间数据协同工作的复合型空间决策过程中,经常涉及空间数据的叠加、查询、编辑、转换、维护与更新等分析和处理操作,这些操作无法避免地会产生空间数据不一致性。例如,在将本身并无不一致性问题的两幅不同比例尺地图数据进行叠置分析时就可能产生不一致性问题,如图 8.6 所示,图中(a)为1∶2 000 比例尺的道路数据,(b)为 1∶10 000 比例尺的居民地,(c)为两比例尺地图数据叠置,出现道路"进入"甚至"穿越"建筑物的现象,从而产生不一致性问题。

（a）道路　　　　　（b）居民地　　　　　（c）叠置

图 8.6　空间数据分析过程中的不一致

随着制图综合技术的发展,综合操作算子的不断丰富与完善,制图综合技术已越来越广泛地应用于多尺度地图数据的生产过程中,尤其是在由大比例尺地图派生中、小比例尺地图数据生产中,各种制图综合操作算子的不同作用效果使得原本一致的地图数据在综合派生后产生不一致。如图 8.7 所示,图中(a)为较大比例尺地图,地图中的居民地面目标和河流面目标不存在不一致问题,对其进行制图综合操作后,派生较小比例尺地图(b),因综合时操作算子对居民地面目标的形状影响较小,对河流面目标进行"简化"操作使得其形状变化较大,从而使得河流弯道内侧邻近的居民地面目标与河流面目标之间产生了不一致,引发建筑物"落入"河中的不一致性问题,如图 8.7(b)所示。

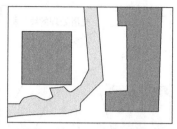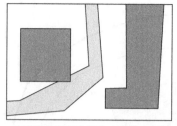

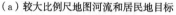

（a）较大比例尺地图河流和居民地目标　　　（b）综合派生的较小比例尺河流和
居民地目标

图 8.7　空间数据处理过程中的不一致

　　在空间数据的扫描矢量化处理、影像数据要素提取等过程中,由于操作不规范、捕捉失误和影像质量等原因,也可能造成空间数据不一致性问题,如图 8.8 所示,图中(a)为待矢量化的纸质地图,(b)为矢量化后的地图局部。在纸质地图矢量化过程中,由于"捕捉"失误,使得该局部地图中东南侧的两建筑物由矢量化前的相离关系变为矢量化后的相接关系,如图 8.8(b)中圆圈所示,从而发生不一致。

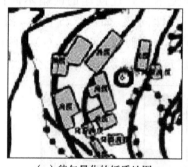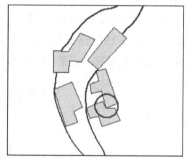

（a）待矢量化的纸质地图　　　　　　　（b）捕捉失误产生的不一致

图 8.8　纸质地图矢量化过程中的不一致

§8.2　多尺度地图数据不一致性的分类与描述

　　不一致性是影响空间数据质量的关键因素之一,针对空间数据的不一致性分类问题,已有许多学者进行了较为深入的探讨。例如,邓敏等(2005)将数据叠置时不同输入来源中同名点、线的空间位置不同所产生的不一致性认为是一种拓扑不一致性。Servigne 等(2000)针对单个空间数据库中的数据特点,通过检查地图数据集错误将空间数据间的不一致性分为:结构不一致性、几何不一致性和拓扑/语义不一致性。其中,拓扑/语义不一致性是以拓扑关系为约束的一种语义不一致性。Gong 等(2000)由不一致性的来源着手,将地理信息系统中导致空间数据不一致的错误归纳为位置错误、时间错误、属性错误及逻辑错误四种,实质上是从另一个角度对不一致性进行分类。艾廷华等（2000）将两个相邻多边形共享边界的不一致分为相交型、相离型和交织型。陈佳丽等（2007）从空间对象匹配的角度将空间数据不一致性分为拓扑关系不一致性、度量关系不一致性、方位关系不一致性及属性特征不一致性。王育红（2011）从虚拟和物化两种空间数据集成方式的角度将不同空间数据库之间的不一致性分为系统冲突、语法冲突和语义冲突。事实上，多尺度地图数据之间的不一致性问题更多地体现在不一致性与地图比例尺之间的关系上，随着地图比例尺由大比例尺到中比例尺，再到小比例尺变化，地图数据中空间目标之间的关系、属性等特征会随着地图比例尺的变换相应地发生一系列的变化，这些变换引起不同比例尺地图数据之间的差异，既包括随比例尺的正常变化，即允许变化，也包含了非正常的变化，即不一致性。

因此，本小节从空间数据的几何、拓扑和语义特征出发，将多尺度地图空间数据不一致性归纳为四类：几何不一致性、拓扑不一致性、度量不一致性和方向不一致性，在此分类基础之上，对多尺度地图空间数据不一致性各种类型分别进行描述。

8.2.1　多尺度地图数据几何不一致性及其描述

几何不一致性由空间目标自身的形状、维度和结构等几何特征出现冲突或矛盾而产生，如图 8.9 所示。

如图 8.9（a）所示，由于多边形的边界节点存在冗余问题，导致多边形边界"延伸"到面目标内部，从而产生几何不一致性。若该面目标为一栋建筑物，则产生建筑物的两堵外墙以近乎平行的方式砌入该建筑物室内的现象，显然与现实相矛盾，可描述为当多边形边界上任意相邻的两条边之间的夹角 β 接近 0° 时即产生节点冗余不一致性。如图 8.9（b）所示，由于多边形的边界不闭合导致面目标不封闭，也产生几何不一致，可描述为当多边形的边界起始节点和终止节点不是同一节点时即产生边界不闭合的几何不一致性。如图 8.9（c）所示，由于线目标本身的自相交问题产生几何不一致，可描述为当线目标自身有两个或两个以上线段存在交点时即产生自相交不一致性。

 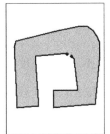 

（a）节点冗余的面目标　　（b）不封闭的面目标　　（c）自相交的线目标

图 8.9　几何不一致性

8.2.2　多尺度地图数据拓扑不一致性及其描述

拓扑不一致性主要体现在空间目标自身的位置及与邻近空间目标之间的拓扑关系等方面。例如,不同来源空间数据质量差异导致同一地理实体在不同数据中的空间位置不一致,如图 8.10(a)所示,不同数据来源的同一道路因道路线目标中节点坐标差异导致空间位置不一致性,可描述为不同比例尺地图中同名目标拓扑关系不为"相等"时即产生空间位置不一致引起的拓扑不一致性。

空间数据集成、更新和制图综合派生过程中,空间目标与其邻近目标之间发生拓扑冲突也可能引起拓扑不一致,如图 8.10(b)所示,建筑物目标与邻近道路目标因相交而产生拓扑不一致性,可描述为当不同的两个空间目标之间的拓扑关系由"相离"变为"相交"时即产生拓扑不一致性。

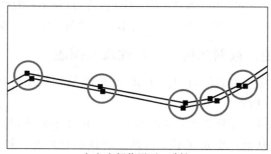

（a）空间位置不一致性

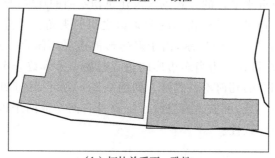

（b）拓扑关系不一致性

图 8.10　拓扑不一致性

8.2.3　多尺度地图数据度量不一致性及其描述

地图比例尺决定了空间目标表达的详细程度,大比例尺地图中空间目标表达细致、具体,详细程度高,反之,小比例尺地图中空间目标表达粗略、概括,详细程度低,因此,空间目标之间的度量关系会随着地图比例尺的变化产生差异,进而导致度量关系不一致性。如图 8.11(a)所示,较大比例尺地图中,空间目标边界凹凸形状详细,面目标 A 和面目标 B 之间距离度量为 d_1,而在较小比例尺地图中,空间目标边界形状表达粗略,使得面目标 A 和面目标 B 之间距离度量为d_2,很显然,$d_1 \neq d_2$,进而导致同名空间目标之间的度量关系在不同尺度地图中的出现不一致性问题。

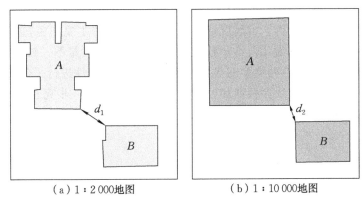

(a)1:2 000地图　　　　　　(b)1:10 000地图

图 8.11　度量不一致性

8.2.4　多尺度地图数据方向不一致性及其描述

　　类似地,受地图比例尺对地理空间目标表达详细程度的决定性影响,不同比例尺地图中空间目标自身形状细节不尽相同,细微的形状差异使得空间目标之间的方向关系随着地图比例尺的变化而变化,进而由不同尺度下两空间目标之间的相对方位的差异导致它们之间的方向关系不一致。这类问题多出现于制图综合过程中。

　　例如,制图综合操作中,"简化"算子通常在将空间目标的局部凹陷形状进行"填补"的同时,删除狭长而细小的凸出部分,如图 8.12(a)所示,较大比例尺地图中两个面目标 A 与 B 之间的方向关系为"B 位于 A 的东方向",而在较小比例尺地图中,面目标 A 与 B 之间的方向关系则变为"B 位于 A 的东北方向",如图 8.12(b)所示,从而产生方向不一致。

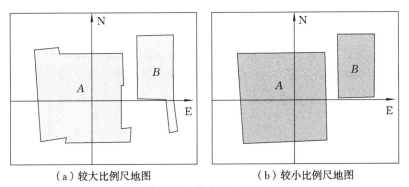

(a)较大比例尺地图　　　　　　(b)较小比例尺地图

图 8.12　方向不一致性

§8.3　本章小结

　　本章结合多尺度空间数据特点,从空间数据质量、专题属性、存储和表达,以及分析与处理四个方面分析了多尺度地图数据不一致性的主要来源,进而将多尺度地图数据不一致性归纳为几何不一致性、拓扑不一致性、度量不一致性和方向不一致性等四大类,继而对各种类型的多尺度地图数据不一致性进行了分析描述,为后续多尺度地图数据不一致性探测和处理奠定基础,同时进一步完善了空间数据不一致性分类框架。

第9章 多尺度地图数据不一致性的探测

一般而言,空间关系可以细分为拓扑关系、方向关系和距离关系三类。实际上,地图数据不一致性探测可以认为是对空间目标之间的空间关系矛盾或冲突的探测。考虑多尺度地图数据之间的不一致性问题在很大程度上表现为空间目标之间空间关系的破坏,为此,本章主要阐述空间关系的不一致性探测。首先,介绍单类型的空间关系描述模型,分析了单类型空间关系不一致性的探测方法;然后,阐述复杂空间关系的集成描述方法,并探讨多尺度地图空间数据复杂空间关系不一致性的探测问题。

§9.1 空间关系不一致性探测

空间关系包括拓扑关系、方向关系和距离关系三个方面,其中拓扑关系受关注度最高(赵彬彬 等,2018),现实生产实践及分析应用中也以拓扑不一致性问题最突出。为此,本小节以拓扑关系为例,分别对简单空间关系不一致性和复杂空间关系不一致性的探测进行分析阐述。

9.1.1 简单空间关系不一致性探测

下面仅以拓扑关系为例,阐述线目标与面目标之间不一致性的探测问题。如图 9.1 所示,图中(a)和(b)分别为不同年份某地河流与境区的局部地图,显然,河流和境区在几何上发生了变化,这可能由测量误差、数据获取方法或地图制图等原因引起。这种几何上的变化可能进一步导致河流与境区之间的拓扑关系发生变化,如图 9.1(b)中虚线圈所标示。

通过层次决策树确定图 9.1 中河流与境区的拓扑关系为复合相交关系。同时,图 9.1 中河流与境区之间的交的次数均为 4,并分别标识为 0、1、2 和 3,即不同时期地图中河流与境区交集的分离数均为 4,同时,交集的维数均为 1,即河流的一部分是境区的边界。显然,在集合层次上,由于河流和境区交集的分离数和维数均相同,因此,利用分离数和维数两个拓扑不变量不能区分出两幅不同时期地图中河流与境区之间的拓扑关系差异(简灿良,2013)。

然而,在集合元素层次上(邓敏 等,2008),可判定图 9.1(a)中河流与境区间的 4 个交分量类型为 h、m、o 和 j,而图 9.1(b)中 4 个交分量类型则依次为 h、h、h 和 j。显然,在集合元素层次上,能有效地区分出两个不同时期河流与境区间的拓扑关系差异。同时,根据河流与境区之间的交分量类型,容易推断出河流穿越境区的次数,即通过基本相交关系个数来确定。例如,在图 9.1(a)中河流穿越境区的次数为 2,而图 9.1(b)中河流穿越境区的次数则为 4。利用交分量类型的序列来描述河流与境区间的拓扑关系,可将图 9.1 中河流与境区间的关系分别表达为

$$(a): Oet(L, A) = [0(h), 1(m), 2(o), 3(j)]$$
$$(b): Oet(L, A) = [0(h), 1(h), 2(h), 3(j)]$$

交分量类型序列信息既可以用于探测拓扑不一致性,又可以用于处理不一致性。根据图 9.1(b)中交分量类型描述结果推断河流的一部分在境区范围内,与实际情况不符。显然,这种情况的发生很可能是由于不同来源的空间数据位置误差引起。

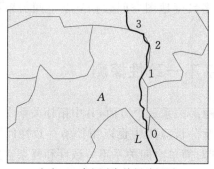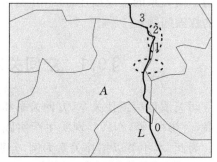

(a) 1990年河流与境界政区图　　　　　(b) 2000年河流与境界政区图

图 9.1　不同时期河流与政区间拓扑关系变化分析

9.1.2　复杂空间关系不一致性探测

对于空间目标之间的复杂空间关系不一致性,往往涉及拓扑关系、方向关系甚至距离关系等多方向的冲突,特别是在多尺度地图数据应用分析中。此时,上述针对简单空间关系的描述模型已不再适用(陈军 等,2006)。为此,需要将拓扑关系与方向关系等集成起来,进而借助基于拓扑链的空间关系组合方法来进行复杂空间关系不一致性的描述和探测(Chen et al,2004)。

1. 线目标之间拓扑关系与方向关系的集成

设两个线目标 A 与 B 之间存在 n 个交分量,即 $n = \#(A \cap B)$。在这种情况下,A 与 B 将分别被分割成 $(n+1)$ 个相应的部分。进而,可以计算 n 个交分量的线目标相应的局部方向关系,一共为 $(n+1)$ 个,依次表示为 dir_0、dir_1……dir_n。于是,在拓扑关系描述的基础上描述局部方向关系为如表 9.1 所示。

在表 9.1 中,A_0 与 A_1、B_0 与 B_1 分别是 A、B 的两个端点。显然,从纵向来看,n 个有序的交分量类型信息(也称为局部拓扑关系)描述了两个线目标间的拓扑关系(表 9.1 第二列),而 $(n+1)$ 个局部方向关系的组合则描述了两个线目标间的方

向关系(表 9.1 第三列)。以图 9.2 中的两个线目标为例(简灿良,2013),在图 9.2 中 A 与 B 的拓扑关系和方向关系集成描述结果如表 9.2 所示,其中,在进行方向关系描述时以 A 为参考目标,以 B 为源目标。

表 9.1　线目标之间拓扑关系与方向关系集成描述

A,B	$Top(A,B)$	$Dir(A,B)$	$Dir(B,A)$
A_0,B_0			
	$c_0(t_0)$	$dir_0(A,B)$	$dir_0(B,A)$
	$c_1(t_1)$	$dir_1(A,B)$	$dir_1(B,A)$
	$c_2(t_2)$	$dir_2(A,B)$	$dir_2(B,A)$
	$\vdots$	$\vdots$	$\vdots$
	$c_{n-1}(t_{n-1})$	$dir_{n-1}(A,B)$	$dir_{n-1}(B,A)$
A_1,B_1		$dir_n(A,B)$	$dir_n(B,A)$

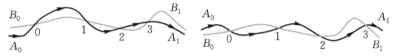

图 9.2　两个线目标之间局部方向和距离关系的描述

从表 9.2 的描述结果可知,图 9.2 左右两图中两个线目标之间的拓扑关系是相同的,均可描述为: $Top(A,B)=\langle 0(p_e),1(p_e),2(p_e),3(p_e)\rangle$ 。但在局部方向关系方面,两者并不相同。例如,图 9.2 左图中交分量 0 和 1 之间 B 在 A 的右边,而图 9.2 右图中则为 B 在 A 的左边。因而,集成拓扑关系和方向关系有利于更清楚地区分不同的图形空间框架和探测图形变化(Clementini et al,1998;Chen et al,2007)。

表 9.2　线目标之间拓扑关系与方向关系集成描述示例

图 9.2 左图中线目标间空间关系集成描述结果			图 9.2 右图中线目标间空间关系集成描述结果		
A,B	$Top(A,B)$	$Dir(A,B)$	A,B	$Top(A,B)$	$Dir(A,B)$
A_0,B_0	$0(p_e)$	左	A_0,B_0	$0(p_e)$	右
	$1(p_e)$	右		$1(p_e)$	左
	$2(p_e)$	左		$2(p_e)$	右
	$3(p_e)$	右		$3(p_e)$	左
A_1,B_1		左	A_1,B_1		右

2. 线目标之间拓扑关系与距离关系的集成

类似于局部方向关系的计算,可以计算出两个线目标之间的局部距离关系,即在 A、B 上两个相邻交分量(或交分量与相应线端点)连接线之间的 Hausdorff 距离(简灿良,2013)。因此,对于具有 n 个交分量的线目标,同样地可以计算得到 $(n+1)$ 个局部有向 Hausdorff 距离,并依次表示为 dh_0、dh_1……dh_n。进而,可以将两个线目标之间拓扑关系和距离关系集成描述为一个类似的表格形式,如表 9.3 所示。在表 9.3 中, $Dh(A,B)$ 和 $Dh(B,A)$ 分别表示从 A 到 B 和从 B 到 A 的一组局部有向 Hausdorff 距离。

表 9.3 线目标之间拓扑关系与距离关系的集成描述

A,B	$Top(A,B)$	$Dh(A,B)$	$Dh(B,A)$
A_0,B_0			
	$c_0(t_0)$	$dh_0(A,B)$	$dh_0(B,A)$
	$c_1(t_1)$	$dh_1(A,B)$	$dh_1(B,A)$
	$c_2(t_2)$	$dh_2(A,B)$	$dh_2(B,A)$
	$\vdots$	$\vdots$	$\vdots$
	$c_{n-1}(t_{n-1})$	$dh_{n-1}(A,B)$	$dh_{n-1}(B,A)$
A_1,B_1		$dh_n(A,B)$	$dh_n(B,A)$

3. 线目标之间拓扑关系、方向关系与距离关系的集成

综上两小节分析,对于两个线目标,在一组拓扑交分量的基础上,分别集成描述线目标之间的局部方向关系和距离关系。因此,两个线目标之间的拓扑、方向和距离关系可以集成描述为一个二重的二元组(邓敏 等,2007),即

$$SR(A,B) = \langle Top(A,B),\{Dir(A,B),Dh(A,B)\}\rangle$$
$$= \langle\langle c_0(t_0),c_1(t_1),\cdots,c_{n-1}(t_{n-1}),\rangle,\{\langle dir_0(A,B),dir_1(A,B),\cdots,$$
$$dir_n(A,B)\rangle,\langle dh_0(A,B),dh_1(A,B),\cdots,dh_n(A,B)\rangle\}\rangle \quad (9.1)$$

式中, $SR(A,B)$ 为参考目标线 A 和源目标线 B 之间的空间关系。反过来,则可以将参考线目标 B 和源线目标 A 之间的空间关系 $SR(B,A)$ 描述为

$$SR(B,A) = \langle Top(B,A),\{Dir(B,A),Dh(B,A)\}\rangle$$
$$= \langle\langle c_0(t_0),c_1(t_1),\cdots,c_{n-1}(t_{n-1}),\rangle,\{\langle dir_0(B,A),dir_1(B,A),\cdots,$$
$$dir_n(B,A)\rangle,\langle dh_0(B,A),dh_1(B,A),\cdots,dh_n(B,A)\rangle\}\rangle \quad (9.2)$$

式(9.1)和式(9.2)也可以分别描述为如表 9.4 所示的表格形式(简灿良,2013)。

表 9.4 线目标之间空间关系集成描述

	A,B	$Top(A,B)$	$Dir(A,B)$	$Dh(A,B)$
	A_0,B_0			
		$c_0(t_0)$	$dir_0(A,B)$	$dh_0(A,B)$
		$c_1(t_1)$	$dir_1(A,B)$	$dh_1(A,B)$
		$\vdots$	$dir_2(A,B)$	$dh_2(A,B)$
$SR(A,B)$		$c_{n-2}(t_{n-2})$	$\vdots$	$\vdots$
		$c_{n-1}(t_{n-1})$	$dir_{n-1}(A,B)$	$dh_{n-1}(A,B)$
	A_1,B_1		$dir_n(A,B)$	$dh_n(A,B)$
		$\langle c_0(t_0),c_1(t_1),\cdots,c_{n-1}(t_{n-1})\rangle$	$\langle dir_0,dir_1,\cdots,dir_n\rangle$	$\langle dh_0,dh_1,\cdots,dh_n\rangle$

续表

	A,B	$Top(B,A)$	$Dir(B,A)$	$Dh(B,A)$
	A_0,B_0			
		$c_0(t_0)$	$dir_0(B,A)$	$dh_0(B,A)$
		$c_1(t_1)$	$dir_1(B,A)$	$dh_1(B,A)$
		$\vdots$	$dir_2(B,A)$	$dh_2(B,A)$
$SR(B,A)$		$c_{n-2}(t_{n-2})$	$\vdots$	$\vdots$
		$c_{n-1}(t_{n-1})$	$dir_{n-1}(B,A)$	$dh_{n-1}(B,A)$
	A_1,B_1		$dir_n(B,A)$	$dh_n(B,A)$
		$\langle c_0(t_0),c_1(t_1),\cdots,c_{n-1}(t_{n-1})\rangle$	$\langle dir_0,dir_1,\cdots,$ $dir_n\rangle$	$\langle dh_0,dh_1,\cdots,$ $dh_n\rangle$

由此可知,两个空间目标之间的空间关系不具有对称性,即 $SR(A,B)\neq SR(B,A)$,换言之,知道其中一个并不能推算出另一个。

以图 9.3(简灿良,2013)为例,与 Clementini(1998)提出的线目标间拓扑关系描述方法进行比较可知:图 9.3(a)和(b)中线目标 A 与 B 的空间关系可以分别描述为表 9.5 的表格形式。从这个描述中可以发现,图 9.3(a)和(b)中的拓扑交分量完全相同,都属于交分量类型 p_e,并且连接顺序也相同,因此拓扑关系完全相同。而且容易发现它们的距离关系也是完全相同的。唯一不同的是它们间的方向关系不同。这主要是因为方向关系随空间目标所在的框架系统的旋转而发生变化,但拓扑关系和距离关系却不会改变。同时,从图 9.3 中描述的结果可以看出,其描述的不仅仅是拓扑关系,而且还考虑了方向关系,是一种拓扑关系与方向关系的集成描述。

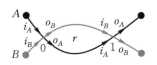

$S(B)$	CS	T	LO_B
0	0	i_A,o_B,o_A,i_B	r
1	0	i_A,i_B,o_A,o_B	0

（a）第一种情形

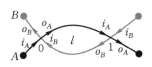

$S(B)$	CS	T	LO_B
0	0	i_A,o_B,o_A,i_B	l
1	0	i_A,i_B,o_A,o_B	0

（b）第二种情形

图 9.3　拓扑关系相同而拓扑不变量描述不同的情形示例

表 9.5　图 9.3 中两个线目标之间空间关系的集成描述结果

	A,B	$Top(A,B)$	$Dir(A,B)$	$Dh(A,B)$
	A_0,B_0			
图 9.3(a)		$0(p_e)$	左	1.32 cm
		$1(p_e)$	右	0.96 cm
	A_1,B_1		左	1.26 cm
		$\langle 0(p_e),1(p_e)\rangle$	$\langle$左,右,左$\rangle$	$\langle 1.32,0.96,1.26\rangle$
	A,B	$Top(A,B)$	$Dir(A,B)$	$Dh(A,B)$
	A_0,B_0			
图 9.3(b)		$0(p_e)$	右	1.32 cm
		$1(p_e)$	左	0.96 cm
	A_1,B_1		右	1.26 cm
		$\langle 0(p_e),1(p_e)\rangle$	$\langle$右,左,右$\rangle$	$\langle 1.32,0.96,1.26\rangle$

表 9.6　线目标间各种空间关系信息集成描述的扩展示例

A,B	$Top(A,B)$	$Dir(A,B)$	$Dh(A,B)$	α	δ
A_0,B_0					
	$c_0(t_0)$	$dir_0(A,B)$	$dh_0(A,B)$	α_0	
	$c_1(t_1)$	$dir_1(A,B)$	$dh_1(A,B)$	α_1	δ_1
	$\vdots$	$dir_2(A,B)$	$dh_2(A,B)$	α_2	δ_2
	$c_{n-2}(t_{n-2})$	$\vdots$	$\vdots$	$\vdots$	$\vdots$
	$c_{n-1}(t_{n-1})$	$dir_{n-1}(A,B)$	$dh_{n-1}(A,B)$	α_{n-1}	δ_{n-1}
A_1,B_1		$dir_n(A,B)$	$dh_n(A,B)$		

相对于现有的方法而言,上述空间关系集成描述方法不仅基于人的空间认知,而且具有层次性。还可以从集成描述中分别得到单个类型的空间关系。特别地,这种基于分解-组合研究策略得到的各种类型局部关系和整体关系在实际应用中都具有重要作用。但是也应注意,在本小节只考虑了拓扑关系、方向关系和距离关系等基本空间关系,进而建立了它们集成描述的框架。而在实际应用中,可能还需要其他的度量关系信息,如在河流与等高线的不一致性判断中也需要计算河流与等高线之间交的角度(Chen et al,2007)、两个相邻交分量形成环的形状度量等(郭庆胜 等,2005)。这些空间关系度量信息也可以集成到本小节建立的空间关系集成框架中,如表 9.6 所示(其中 α、δ 为某种空间关系度量信息)。

如图 9.4 所示,图中(a)和(b)分别表达了同一地区在两个不同年份的局部地图,包括行政区域(A)和湖泊(B)。通过比较容易发现,湖泊的几何形态在这两个不同时期发生了局部变化。这种变化可能是由测量误差、数据获取及制图比例尺差异等原因导致,也可能是现实中湖泊的边界在几何形态上发生了真实的变化(如围湖造田或干旱等造成湖面萎缩)。进而,这种变化导致了行政区域与湖泊之间的位置关系(即拓扑关系)发生变化,如图 9.4(b)中虚线圈所标示。

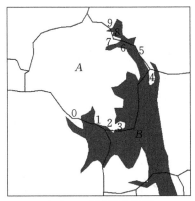 

（a）1998年的局部地图　　　　　　（b）2003年的局部地图

图 9.4　两个面目标之间拓扑关系不一致性描述应用分析

根据分离数和维数模型,可计算出湖泊和行政区域之间交的个数,即可以知道湖泊边界穿越行政区域的次数。如图 9.4 所示,湖泊和行政区域的交分量依次用数字标识,在图 9.4(a)中有 10 个交分量,分别标识为 0、1……9；在图 9.4(b)中有 7 个交分量,分别标识为 0、1……6。进而,利用分离数和维数模型,分别描述为

$$(a)：T_1(A,B)=[\neg \varphi, \neg \varphi, \neg \varphi, 10, 1]$$
$$(b)：T_1(A,B)=[\neg \varphi, \neg \varphi, \neg \varphi, 7, 1]$$

从上述描述结果可以看出,2003 年行政区域与湖泊的拓扑关系发生了变化,在交的数量上明显不同。再根据交分量类型模型,可以进一步描述图 9.4(a)和(b)中行政区域与湖泊之间的拓扑关系分别为

$$(a)：T_2(A,B)=[\neg \varphi, \neg \varphi, \neg \varphi, 1(p_4), 3(p_5), 4(p_6), 1(p_8), 1(l_{18})]$$
$$(b)：T_2(A,B)=[\neg \varphi, \neg \varphi, \neg \varphi, 2(p_4), 2(p_5), 1(p_6), 1(l_{11}), 1(l_{18})]$$

由交分量类型模型可知每个交分量的形式,进而可以推算出湖泊边界穿越行政区域的次数。例如,在图 9.4(a)中,可以推算出湖泊穿越行政区域 8 次(即交分量 p_5、p_6 和 l_{18} 的次数之和,$3+4+1=8$),而图 9.4(b)中湖泊边界穿越行政区域的次数则只有 4 次(即 $2+1+1=4$)。

最后,若采用全序信息模型描述行政区域与湖泊之间的拓扑关系,可以得到图 9.4(a)和(b)中的拓扑关系描述结果分别为

$$(a)：T_3(A,B)=[\neg \varphi, \neg \varphi, \neg \varphi, 0(p_5), 1(p_4), 2(p_6), 3(p_6), 6(p_6),$$
$$7(p_8), 8(p_6), 9(p_5), 5(l_{18}), 4(p_5)]$$
$$(b)：T_3(A,B)=[\neg \varphi, \neg \varphi, \neg \varphi, 0(p_5), 1(p_4), 2(p_4), 5(p_6), 6(l_{11}),$$
$$4(l_{18}), 3(p_5)]$$

通过比较则可以发现,在此期间,湖泊与行政区域之间的拓扑关系发生了怎样的变化,这是根据点交或线交分量的类型及其相应的顺序来确定的。

9.1.3　实验分析

在生产实践中,通常需要对多种来源、多种专题、多种尺度的空间数据(如居民地、道路、土地利用、水文、土质植被和地形数据等)进行综合分析,在此应用中,空间不一致问题也将产生(赵彬彬,2014)。通常,这种不一致性多以拓扑不一致性为主。如图9.5所示(简灿良,2013),河流与等高线之间的不一致性见虚线椭圆所标示部分。

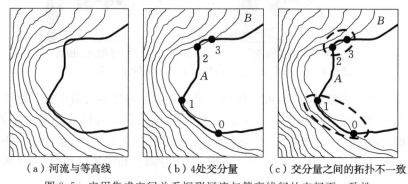

（a）河流与等高线　　　（b）4处交分量　　　（c）交分量之间的拓扑不一致

图9.5　应用集成空间关系探测河流与等高线间的空间不一致性

为了探测河流与等高线之间的拓扑不一致性,需要通过分析计算获得河流与等高线目标之间的空间关系。如图9.5(b)所示,计算得到河流 A 与等高线 B 之间有4个交分量,分别为交分量0、1、2和3,很显然,不一致性发生在交分量0与1之间和交分量2与3之间,这表明河流出现爬坡现象(Chen et al,2007),这与客观世界相矛盾,此时,不一致性也相应地发生了。

§9.2　本章小结

本章基于空间目标之间的基本拓扑关系、方向关系和距离关系的描述方法及模型,探讨了简单空间关系不一致性的探测问题;进而针对多尺度地图数据空间目标的复杂性,通过基本空间关系的集成描述模型计算地图目标之间的空间关系,继而阐述了基于拓扑链的复杂空间关系集成描述方法进行复杂空间关系不一致性的探测。最后,将集成空间关系应用于河流与等高线间的空间不一致性探测实验,表明了复杂空间关系集成描述方法在不一致性探测中的有效性。

第10章　多尺度地图数据不一致性的处理

为了保持多尺度地图数据几何、拓扑、度量和方向等的一致性,则必须对相关的几何不一致图形结构、拓扑关系不一致等问题进行处理。通常,在矢量地图数据叠置分析中,因为不同输入图层的数据来源存在空间位置等差异,导致地理空间中同名的点或线目标之间产生拓扑不一致性,这种不一致性的直接后果将是产生大量的无意义多边形。无意义多边形的产生一方面大大增加了叠置分析中多边形的数量,即增加了空间数据量,消耗了大量的计算机内存空间;另一方面也使得 GIS 空间分析结果不可靠。

早在 20 世纪 70 年代,无意义多边形的处理问题就已经引起学者的关注,其中以 McAlpine 等(1971)及 Harvey(1994)为代表。早期有关处理无意义多边形的研究主要集中在叠置图上无意义多边形的特征分析和识别,如叠置图上无意义多边形的数量与输入图层的多边形数量、精度之间的关系,以及无意义多边形的形状特征和大小(McAlpine et al,1971;Goodchild,1978)。进入 20 世纪 80 年代后期,有关无意义多边形的研究开始注重于如何预防无意义多边形的产生、处理,以及对已出现的无意义多边形的消除研究。就方法而言,主要包括预防法(preventing-focus approach)和改正法(correcting-focus approach)。其中,前者是用于避免在地图叠置或其他空间操作中产生无意义多边形的一种方法;而后者则针对无意义多边形产生后的识别和消除处理。当前一些商业化地理信息系统大多采用的是预防法,并通过引入模糊容限概念将处于模糊容限范围内的不一致点目标捕捉为同一点(Harvey,1994)。与模糊容限相似的另一个概念是 Epsilon 带(Perkal,1956)。最早有关模糊容限概念的应用出现于 Harvard 计算机图形学实验室研制的 ODYSSEY 系统中的 WHIRLPOOL 叠置算法(Dangermond,1990),后来才在 GIS 矢量地图叠置分析应用中流行起来,主要用来减少叠置过程中无意义多边形的数量。此外,模糊容限概念在单值地图的数字化和拓扑构建中也得到了应用,例如,两个线目标之间的距离如果在用户定义的容限值范围内,或者说,一个线目标在另一线目标的 Epsilon 区域内,则认为这两条线为同一条线,从而将两者捕捉为一条线,以消除冗余的线目标(Dangermond,1990)。但是,基于模糊容限的处理方式也存在明显缺陷:一方面,降低了地图坐标分辨率,并且不能完全消除无意义多边形(Pullar,1993)。也就是说,如果设置的模糊容限值偏大,则可能导致一些细小的具有实际意义的多边形被"无辜"地合并或消除掉;若设置的容限值偏小,则可能遗漏一些细小的无意义多边形。另一方面,捕捉处理过程中摒弃了精度较低数据的位置信息,若数据来源于小比例尺地图时,这种操作将引起很大的误差(刘文宝 等,2001);同时,也无法对新生成的空间目标的位置精度进行相应的评估。为此,本章主要阐述空间数据不一致性的处理方法。

§10.1　地图数据几何不一致性的处理

空间数据的几何不一致性是地理空间数据不一致性相关研究中较受关注的热点问题之一。空间数据模型是对现实世界的表达,通常,这种表达应当在保持空间对象重要特征的同时尽量简单。例如,一个建筑物对象被简化表达为一个封闭多边形,如果简化表达后的多边形不封闭则导致几何不一致;类似地,一个线状对象的自相交也产生几何不一致性。显然,几何不一致性来源于空间对象的几何特性。大多数几何不一致性可归结为与空间对象的节点相关的问题。因此,节点的处理操作是几何不一致性处理的基础。与节点相关的处理操作主要包括五类,分别为节点新增、节点删除、节点合并、节点投影和节点移动。节点的五种处理操作则通过节点最优位置计算、投影和冗余节点删除三个步骤来实现(简灿良,2013)。下面以多边形边界节点冗余为例叙述几何不一致性的处理过程。

面目标边界几何不一致的原因在于其多边形边界节点存在冗余情况,如图 10.1(a)所示。冗余的"9"和"10"号节点致使该多边形边界"伸入"面目标内部,从而引发几何不一致性问题,如图 10.1(b)所示。针对这种不一致性的最直接的处理方法是删除其中的冗余节点,如图 10.1(c)所示。通过节点捕捉获得冗余节点"9"和"10",并对冗余的"9"号节点和"10"号节点进行节点删除操作,进而消除该面目标与现实矛盾的多边形边界"伸入"面目标内部的现象,继而获得节点冗余几何不一致性处理后的面目标,如图 10.1(d)所示(赵彬彬,2014)。

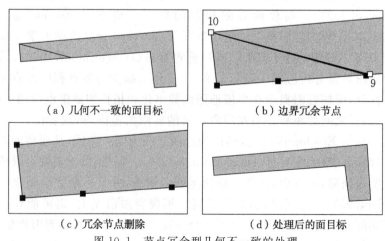

（a）几何不一致的面目标　　　　（b）边界冗余节点

（c）冗余节点删除　　　　（d）处理后的面目标

图 10.1　节点冗余型几何不一致的处理

§10.2 地图数据拓扑不一致性的处理

空间数据的拓扑不一致性一直都是地理空间数据不一致性相关问题研究的重点。当两个空间目标之间的拓扑关系与现实中的拓扑关系相矛盾时就定义为拓扑不一致,拓扑不一致即两个对象之间被禁止的拓扑关系。因此,对于拓扑不一致性可通过改变这些对象之间的拓扑关系的方式来处理,具体操作包括:①对象的修改,包括对对象的移动和重塑;②对象的删除;③对象的分割及新对象的创建。下面以点目标和线段目标为例对拓扑不一致性的处理进行详细阐述。

10.2.1 空间点的不一致性处理

点的不一致性涉及节点-节点、节点-线、交叉点的判断等几种类型,如图 10.2 中用实线圆所标出部分。下面分别进行详细讨论。

(1)两个线段相交于一点,但没有产生新顶点,如图 10.2 中类型 a。这种类型经常出现,它的处理方法是:首先,将两个交叉线段 l_i、l_j 的顶点存储起来,并将线段 l_i、l_j 删除;然后,根据存储的顶点生成新的顶点,并位于线段 l_i 与 l_j 的交点处;最后,利用存储的顶点和新生成的顶点,将产生四个新的线段,并插入到数据结构中。

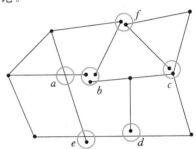

图 10.2 空间点目标的不一致性类型

(2)线段 l_i 的一个顶点(并且满足 $Dn(z_i)=1$)在另一线段 l_j 的模糊容限内,如图 10.2 中类型 d、e。这种类型的一致性处理方法是:首先,将顶点 z_i 投影到线段 l_j,得到一个新的交点 z_j,并把 l_j 分成两部分;然后,存储线段 l_j 的两个顶点,并删除原线段 l_j;再次,根据最小二乘原理对 z_i、z_j 进行捕捉得到新点 z^*;最后,利用存储的两个顶点和点 z^*,则可产生两个新的线段,并将其插入数据结构中。

(3)对于图中类型 b 和 c,一组在模糊容限内的点组($Dn(z_i) \geqslant 1$)将捕捉成一个新点,同时删除原有的顶点,并将新生成点插入数据结构中。其中新生成点的位置根据最小二乘原理计算得到。

(4)作为上述情形(3)的一种特殊例子,考虑一组连通度为 2 的顶点(即 $Dn(z_i)=2$),并且在给定的模糊容限内,在这种情况下需要用户确认这些顶点是否为同一顶点,如图中类型 f。如果确认是同一点,则使用情形(3)的处理方法(简灿良,2013)。

10.2.2　空间线段的不一致性处理

对于在模糊容限内的两条线段 l_i、l_j，它们之间可能发生的不一致情形有三种，如图 10.3 所示(简灿良,2013)。在这种情况下,最简单的处理线段之间不一致性的方法是删除其中的一条线段(如删除线段 l_j)。 如图 10.3 所示,考虑图 10.3(a)中两条线段的两个顶点都重叠,因此不需要删除 l_i 的顶点,只需删除 l_j 的线段；图 10.3(b)中两条线段有一个顶点重叠,因此需要删除 l_j 中与 l_i 的顶点不重叠的那个顶点和 l_j 的线段；而图 10.3(c)中两条线段没有重叠顶点,因此需要删除 l_j 的两个顶点。对于第三种情形,适用的不一致性处理方法是:① 捕捉两线段 l_i 和 l_j 中不一致的顶点并生成新的顶点(刘文宝 等,2001)；② 删除原始的两个线段 l_i 和 l_j 及其顶点；③ 由新顶点创建新的线段目标。

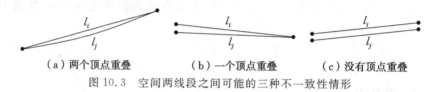

$\qquad$（a）两个顶点重叠　　　　　（b）一个顶点重叠　　　　　（c）没有顶点重叠

图 10.3　空间两线段之间可能的三种不一致性情形

10.2.3　空间折线不一致性的投影处理方法

在相同(或相近)比例尺地图中,对于在模糊容限内不一致的两个折线,它们的空间分布情形可以分为两种类型,如图 10.4 所示(简灿良,2013)。图 10.4(a)中 l_i 上的每个顶点都能在 l_j 上找到相应的顶点匹配,在图中用圆圈标识。如果确认这两个折线是表达同一地理目标时,则按照类似上述线段的处理方法进行一致性处理。在图 10.4(b)中尽管两个折线 l_i、l_j 在模糊容限内,但是 l_i 上顶点不一定能在 l_j 上发现相匹配的点,同样地,在 l_j 上的顶点未必能在 l_i 上找到相应的匹配的点。特别地,在模糊容限内的不一致折线通常顶点数目不相同。此时,需要对两条折线进行标准化处理:首先,将两条折线的顶点互相投影,若投影产生的顶点与已有顶点距离小于阈值,则删除该投影顶点。

如图 10.5 所示,根据解析几何理论,投影点 $z_t(x_t, y_t)$ 的平面坐标计算过程为

$$\left. \begin{array}{l} x_t = x_2 + \dfrac{n}{m}\Delta x_{21} \\[2mm] y_t = y_2 + \dfrac{n}{m}\Delta y_{21} \end{array} \right\} \tag{10.1}$$

式中, $m = \Delta x_{21}^2 + \Delta y_{21}^2$, $n = \Delta x_{21}\Delta x_{32} + \Delta y_{21}\Delta y_{32}$。对式(10.1)进行线性化,求得式中各系数分别为

$$a_1 = \frac{\partial x_t}{\partial x_1} = \frac{2n\Delta x_{21} - m\Delta x_{32}}{m^2}\Delta x_{21} - \frac{n}{m}$$

$$a_2 = \frac{\partial x_t}{\partial y_1} = \frac{2n\Delta y_{21} - m\Delta y_{32}}{m^2}\Delta x_{21}$$

$$a_3 = \frac{\partial x_t}{\partial x_2} = 1 + \frac{m(\Delta x_{32} - \Delta x_{21}) - 2n\Delta x_{21}}{m^2}\Delta x_{21} + \frac{n}{m}$$

$$a_4 = \frac{\partial x_t}{\partial y_2} = \frac{m(\Delta y_{32} - \Delta y_{21}) - 2n\Delta y_{21}}{m^2}\Delta x_{21}$$

$$a_5 = \frac{\partial x_t}{\partial x_3} = \frac{\Delta x_{21}^2}{m}$$

$$a_6 = \frac{\partial x_t}{\partial y_3} = \frac{\Delta y_{21}\Delta x_{21}}{m}$$

$$b_1 = \frac{\partial y_t}{\partial x_1} = \frac{2n\Delta x_{21} - m\Delta x_{32}}{m^2}\Delta y_{21}$$

$$b_2 = \frac{\partial y_t}{\partial y_1} = \frac{2n\Delta y_{21} - m\Delta y_{32}}{m^2}\Delta y_{21} - \frac{n}{m}$$

$$b_3 = \frac{\partial y_t}{\partial x_2} = \frac{m(\Delta x_{32} - \Delta x_{21}) - 2n\Delta x_{21}}{m^2}\Delta y_{21}$$

$$b_4 = \frac{\partial y_t}{\partial y_2} = 1 + \frac{m(\Delta y_{32} - \Delta y_{21}) - 2n\Delta y_{21}}{m^2}\Delta y_{21} + \frac{n}{m}$$

$$b_5 = \frac{\partial y_t}{\partial x_3} = \frac{\Delta x_{21}\Delta y_{21}}{m}$$

$$b_6 = \frac{\partial y_t}{\partial y_3} = \frac{\Delta y_{21}^2}{m}$$

令 $\boldsymbol{\eta} = \begin{bmatrix} a_1 & a_2 & a_3 & a_4 & a_5 & a_6 \\ b_1 & b_2 & b_3 & b_4 & b_5 & b_6 \end{bmatrix}$，由方差-协方差传播律（Mikhail，1976），可计算投影生成点 z_t 的协方差阵，即

$$\boldsymbol{\Gamma}_{z_t z_t} = \begin{bmatrix} \sigma_{x_t}^2 & \sigma_{x_t y_t} \\ \sigma_{x_t y_t} & \sigma_{x_t}^2 \end{bmatrix} = \boldsymbol{\eta}\boldsymbol{\Gamma}_{00}\boldsymbol{\eta}^{\mathrm{T}} \tag{10.2}$$

此处，假定各顶点之间是相互独立的，于是有

$$\boldsymbol{\Gamma}_{00} = \begin{bmatrix} \sigma_{x_1}^2 & \sigma_{x_1 y_1} & & & & \\ \sigma_{y_1 x_1} & \sigma_{y_1}^2 & & & & \\ & & \sigma_{x_2}^2 & \sigma_{x_2 y_2} & & \\ & & \sigma_{y_2 x_2} & \sigma_{y_2}^2 & & \\ & & & & \sigma_{x_3}^2 & \sigma_{x_3 y_3} \\ & & & & \sigma_{y_3 x_3} & \sigma_{y_3}^2 \end{bmatrix}$$

将 $\boldsymbol{\Gamma}_{00}$ 代入式(10.2)则可得到 $\boldsymbol{\Gamma}_{Z_t Z_t}$ 中各分量的具体表达式分别为

$$\sigma_{x_t}^2 = a_1 \sigma_{x_1}^2 + 2a_1 a_2 \sigma_{x_1 y_1} + a_2 \sigma_{y_1}^2 + a_3 \sigma_{x_2}^2 + 2a_3 a_4 \sigma_{x_2 y_2} + a_4 \sigma_{y_2}^2 + a_5 \sigma_{x_3}^2 + \\ 2a_5 a_6 \sigma_{x_3 y_3} + a_6 \sigma_{y_3}^2$$

$$\sigma_{x_t y_t} = a_1 b_1 \sigma_{x_1}^2 + (a_1 b_2 + a_2 b_1)\sigma_{x_1 y_1} + a_2 b_2 \sigma_{y_1}^2 + a_3 b_3 \sigma_{x_2}^2 + (a_3 b_4 + a_4 b_3)\sigma_{x_2 y_2} + \\ a_4 b_4 \sigma_{y_2}^2 + a_5 b_5 \sigma_{x_3}^2 + (a_5 b_6 + a_6 b_5)\sigma_{x_3 y_3} + a_6 b_6 \sigma_{y_3}^2$$

$$\sigma_{y_t}^2 = b_1 \sigma_{x_1}^2 + 2b_1 b_2 \sigma_{x_1 y_1} + b_2 \sigma_{y_1}^2 + b_3 \sigma_{x_2}^2 + 2b_3 b_4 \sigma_{x_2 y_2} + b_4 \sigma_{y_2}^2 + b_5 \sigma_{x_3}^2 + \\ 2b_5 b_6 \sigma_{x_3 y_3} + b_6 \sigma_{y_3}^2$$

即式(10.1)和式(10.2)分别为投影点坐标计算和误差传播的实用公式。

处理后，两条折线目标将有相等的顶点数,如图 10.4(c)中用箭头标出的所有点对,然后,分别对所有的点对进行捕捉处理,产生新的顶点。

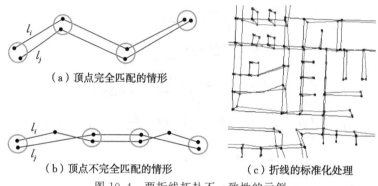

（a）顶点完全匹配的情形　　（b）顶点不完全匹配的情形　　（c）折线的标准化处理

图 10.4　两折线拓扑不一致性的示例

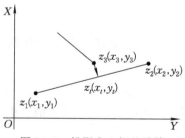

图 10.5　投影点坐标的计算

此过程将涉及另一个问题,即通过捕捉处理新生成点的位置坐标计算及其精度估计。若以 ArcInfo 为例,它具有节点捕捉、弧捕捉和一般捕捉三种基本类型,包括 Add、Move、Rotate 和 Adjust 等基本命令。如果通过判断可获得这组点中存在精度或可靠度较高的一点,则运用 Move 或 Rotate 命令将较低精度的点移位或旋转至精度最高或已知为正确的点上,捕捉所得到的点将在简单地继承其原有精度的同时,忽略较低精度的点中所包含的位置信息。如果数据源为小比例尺地图,这将引起很大的误差。如果判断后需要运用 Adjust 命令来捕捉节点,则其采用的算法为简单地取点组坐标的算术平均值。由于其误差传播模型未知,导致无法对捕捉后所得新点坐标进行精度评估。当位于模糊容限内点组坐标的精度差异较大时,现有 Adjust 命令所采用的简单算术平均值算法并不合理。为此,下面介绍新生成点坐标计算的一般算法及其误差传播模型(简灿良,2013)。

令 $z_i = [x_i \ y_i]^T, (i=1,2,\cdots,n)$ 为阈值内点组(以下简称"捕捉点组")中的某点,其协方差阵为 $\boldsymbol{\Gamma}_{ii} = \begin{bmatrix} \sigma_{x_i}^2 & \sigma_{x_i y_i} \\ \sigma_{y_i x_i} & \sigma_{y_i}^2 \end{bmatrix}$。若 $\sigma_{x_i y_i} = \sigma_{y_i x_i} \neq 0, (i=1,2,\cdots,n)$,则称 z_i 为自相关向量。记 $z^* = [x_1 \ y_1 \ x_2 \ y_2 \ \cdots \ x_n \ y_n]^T$,则捕捉点组中的 n 个点的协方差阵为

$$
\boldsymbol{\Gamma}_{z^* z^*} = \begin{bmatrix}
\sigma_{x_1}^2 & \sigma_{x_1 y_1} & \sigma_{x_1 x_2} & \sigma_{x_1 y_2} & \cdots & \sigma_{x_1 x_n} & \sigma_{x_1 y_n} \\
\sigma_{y_1 x_1} & \sigma_{y_1}^2 & \sigma_{y_1 x_2} & \sigma_{y_1 y_2} & \cdots & \sigma_{y_1 x_n} & \sigma_{y_1 y_n} \\
\sigma_{x_2 x_1} & \sigma_{x_2 y_1} & \sigma_{x_2}^2 & \sigma_{x_2 y_2} & \cdots & \sigma_{x_2 x_n} & \sigma_{x_2 y_n} \\
\sigma_{y_2 x_1} & \sigma_{y_2 y_1} & \sigma_{y_2 x_2} & \sigma_{y_2}^2 & \cdots & \sigma_{y_2 x_n} & \sigma_{y_2 y_n} \\
\vdots & \vdots & \vdots & \vdots & & \vdots & \vdots \\
\sigma_{x_n x_1} & \sigma_{x_n y_1} & \sigma_{x_n x_2} & \sigma_{x_n y_2} & \cdots & \sigma_{x_n}^2 & \sigma_{x_n y_n} \\
\sigma_{y_n x_1} & \sigma_{y_n y_1} & \sigma_{y_n x_2} & \sigma_{y_n y_2} & \cdots & \sigma_{y_n x_n} & \sigma_{y_n}^2
\end{bmatrix} = \begin{bmatrix}
\boldsymbol{\Gamma}_{11} & \boldsymbol{\Gamma}_{12} & \cdots & \boldsymbol{\Gamma}_{1n} \\
\boldsymbol{\Gamma}_{21} & \boldsymbol{\Gamma}_{22} & \cdots & \boldsymbol{\Gamma}_{2n} \\
\vdots & \vdots & & \vdots \\
\boldsymbol{\Gamma}_{n1} & \boldsymbol{\Gamma}_{n2} & \cdots & \boldsymbol{\Gamma}_{nn}
\end{bmatrix}
$$

其中,$\boldsymbol{\Gamma}_{ij} = \begin{bmatrix} \sigma_{x_i x_j} & \sigma_{x_i y_j} \\ \sigma_{y_i x_j} & \sigma_{y_i y_j} \end{bmatrix}$。若 $\boldsymbol{\Gamma}_{ij} \neq 0 (i \neq j)$,则称 z_i 与 $z_j (i \neq j)$ 为互相关向量;若对部分或全部的 $i,j = 1,2,\cdots,n(i \neq j)$,有 $\boldsymbol{\Gamma}_{ij} \neq 0(i \neq j)$ 成立,则称 z^* 为部分或全互相关向量。记 $\boldsymbol{\Psi}$ 为 $\boldsymbol{\Gamma}_{z^* z^*}$ 的逆矩阵,即 $\boldsymbol{\Gamma}_{z^* z^*}^{-1} = \boldsymbol{\Psi}_{2n \times 2n}$。令 $\boldsymbol{\Phi}_{ij}(i,j = 1,2,\cdots,n)$ 为 $2n \times 2n$ 阶方阵 $\boldsymbol{\Psi}_{2n \times 2n}$ 中与逆矩阵 $\boldsymbol{\Gamma}_{z^* z^*}$ 中的 $\boldsymbol{\Gamma}_{ij}$ 相对应的 2×2 阶分块子矩阵;$z = [x \ y]^T$ 为经捕捉处理后所得新点坐标的最优估值向量,其协方差阵为 $\boldsymbol{\Gamma} = \begin{bmatrix} \sigma_x^2 & \sigma_{xy} \\ \sigma_{yx} & \sigma_y^2 \end{bmatrix}$。

因为模糊容限内点组的捕捉处理所采用的算法实质上属测量平差中对一组直接观测(即点组坐标)进行平差(刘文宝 等,2001),所以,根据最小二乘原理,可导出捕捉处理后坐标估值的计算公式为

$$
z = \left(\sum_{i=1}^{n} \sum_{j=1}^{n} \boldsymbol{\Phi}_{ij} \right)^{-1} \sum_{i=1}^{n} \sum_{j=1}^{n} (\boldsymbol{\Phi}_{ij} z_j) \tag{10.3}
$$

在对捕捉点组进行处理的过程中,由捕捉点组向量 z^* 中的点位坐标计算捕捉后所得新点坐标 z 时,其误差传播模型为

$$
\boldsymbol{\Gamma} = \left(\sum_{i=1}^{n} \sum_{j=1}^{n} \boldsymbol{\Phi}_{ij} \right)^{-1} \tag{10.4}
$$

显然,捕捉后坐标计算公式(10.3)和误差传播模型公式(10.4)同样适用于捕捉点组为多分辨率、多源数据的任意情况(刘文宝 等,2001)。

最后,删除原有的线及其顶点,从而实现不一致折线的处理,达到一致化的目的。

几何上,线被定义为由起始点和终止节点及一系列中间顶点顺序连接而成,拓扑不一致性处理通常导致线的位置改变,也使得线的长度发生变化。长度是描述线要素的一个重要几何属性。假设 L^* 为不一致性处理后得到的新线,其顶点数为 n,记为 $z_1^*, z_2^*, \cdots, z_n^*$,根据欧氏距离计算公式,则有

$$l^* = \sum_{i=1}^{n-1} z_i^* z_{i+1}^* = \sum_{i=1}^{n-1} \left[(x_{i+1}^* - x_i^*)^2 + (y_{i+1}^* - y_i^*)^2 \right]^{1/2} \tag{10.5}$$

式中,$z_i^*(x_i^*, y_i^*)(1 \leqslant i \leqslant n)$ 为上述不一致化处理后新生成线的各顶点。进而,根据方差-协方差传播定律,计算新生成的线长度 l^* 的方差为

$$\sigma_{l^*}^2 = \boldsymbol{\Lambda} \boldsymbol{\Gamma}^* \boldsymbol{\Lambda}^{\mathrm{T}} \tag{10.6}$$

此处,假定一致化处理后得到的各顶点是相互独立的,则式(10.6)中协方差阵 $\boldsymbol{\Gamma}^*$ 可表达为

$$\boldsymbol{\Gamma}^* = \begin{bmatrix} \sigma_{x_1^*}^2 & \sigma_{x_1^* y_1^*} & & & & & \\ \sigma_{y_1^* x_1^*} & \sigma_{y_1^*}^2 & & & & & \\ & & \sigma_{x_2^*}^2 & \sigma_{x_2^* y_2^*} & & & \\ & & \sigma_{x_2^* y_2^*} & \sigma_{y_2^*}^2 & & & \\ & & & & \ddots & & \\ & & & & & \sigma_{x_n^*}^2 & \sigma_{x_n^* y_n^*} \\ & & & & & \sigma_{y_n^* x_n^*} & \sigma_{y_n^*}^2 \end{bmatrix} = \begin{bmatrix} \Gamma_1^* & & & \\ & \Gamma_2^* & & \\ & & \ddots & \\ & & & \Gamma_n^* \end{bmatrix}$$

而 $\boldsymbol{\Lambda} = \begin{bmatrix} \alpha_1 & \beta_1 & \alpha_2 & \beta_2 & \cdots & \alpha_n & \beta_n \end{bmatrix}$ 中各元素分别为对式(10.5)线性化后得到的系数,具体为

$$\alpha_1 = -(x_2^* - x_1^*)/z_1^* z_2^*$$
$$\beta_1 = -(y_2^* - y_1^*)/z_1^* z_2^*$$
$$\alpha_2 = (x_2^* - x_1^*)/z_1^* z_2^* - (x_3^* - x_2^*)/z_2^* z_3^*$$
$$\beta_2 = (y_2^* - y_1^*)/z_1^* z_2^* - (y_3^* - y_2^*)/z_2^* z_3^*$$
$$\vdots$$
$$\alpha_{n-1} = (x_{n-1}^* - x_{n-2}^*)/z_{n-2}^* z_{n-1}^* - (x_n^* - x_{n-1}^*)/z_{n-1}^* z_n^*$$
$$\beta_{n-1} = (y_{n-1}^* - y_{n-2}^*)/z_{n-2}^* z_{n-1}^* - (y_n^* - y_{n-1}^*)/z_{n-1}^* z_n^*$$
$$\alpha_n = (x_n^* - x_{n-1}^*)/z_{n-1}^* z_n^*$$
$$\beta_n = (y_n^* - y_{n-1}^*)/z_{n-1}^* z_n^*$$

于是,式(10.6)可具体表达为

$$\sigma_{l^*}^2 = \sum_{i=1}^n (\alpha_i^2 \sigma_{x_i^*}^2 + 2\alpha_i\beta_i\sigma_{x_i^* y_i^*} + \beta_i^2 \sigma_{y_i^*}^2) \tag{10.7}$$

式(10.5)和式(10.7)分别为不一致性处理后新生成线目标的长度及其方差计算模型(邓敏 等,2005)。

10.2.4　基于整体极优对应的多尺度空间线目标不一致性处理

对于相同(或相近)比例尺的不同地图中的两条不一致折线目标而言,由于地图比例尺相同(或相近),折线目标表达的详细程度相同,其节点数目等细节差异小,因此,通过简单的投影方式搜寻局部对应节点的做法能够有效地简化两折线之间不一致性的处理,但该处理方式的缺陷也非常明显,即投影法欠缺对线目标整体最优对应关系的考虑,存在不合理性,特别对于不同尺度地图的线目标,容易出现一些明显的错误。例如,在图 10.6(a)中,较小比例尺地图上线目标顶点 2 的模糊容限内存在 3 和 4 两个顶点,按局部简化投影法处理则与顶点 3 配对,事实上,就线目标整体而言,正确的配对关系应该为顶点 1 与 3 配对,顶点 2 与 4 配对;再如,在图 10.6(b)中,较小比例尺线目标顶点 5 投影至线段 6、7 的延长线上,从而导致意想不到的结果。为此,本小节以线目标整体极优对应思想为指导,采用回溯策略,基于极优对应(optimum correspondence,OptCor)算法(Nöllenburg et al,2008),并结合线性插值建立不同比例尺地图不一致线目标整体极优对应关系,在此基础上,通过同名点捕捉广义算法生成新的线目标顶点,从而实现几何特征不一致线目标的处理(赵彬彬 等,2016a)。

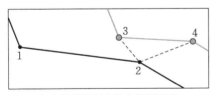 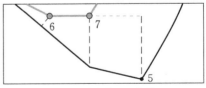

(a)模糊容限内节点错误配对　　　　　(b)投影点在线段延长线上

图 10.6　投影法的不合理性

1. 基于 OptCor 算法的整体极优对应关系建立

为了克服投影法的缺陷建立不一致线目标之间的整体极优对应关系,首先利用 OptCor 算法通过动态规划方式,搜寻两个线目标的顶点、线段和折线等细节之间的映射关系,包括线段-顶点、线段-线段、线段-折线、折线-线段、线段-线段和顶点-线段映射六种,如图 10.7 所示。进而采取回溯机制,根据回溯步长遍历足够多种可能对应关系,并建立两个线目标之间的整体极优对应(object level optimum correspondence,OLOC),如图 10.8(a)所示。

　　基于整体极优对应的不一致线目标处理方法有效地避免了投影法容易导致的顶点配对错误和投影点在线段延长线上的问题(图 10.8(b)),从而能够有效地提高不同比例尺地图线目标一致化处理结果的精度。

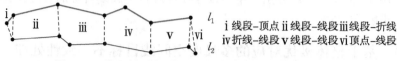

i 线段–顶点 ii 线段–线段 iii 线段–折线
iv 折线–线段 v 线段–线段 vi 顶点–线段

图 10.7　线目标顶点、线段和折线等细节之间的映射类型

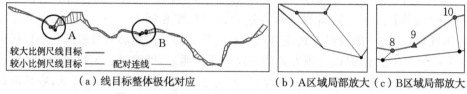

(a) 线目标整体极化对应　　(b) A区域局部放大　(c) B区域局部放大

图 10.8　两个线目标之间的整体极优对应关系

2. 未配对顶点的线性插值

　　由于不同比例尺地图线目标详细程度不同,导致不一致线目标各自的顶点数目也不相等,从而存在部分顶点未完全配对的情形。如图 10.8(c)所示,较大比例尺地图上线目标中顶点 9 未配对,因而需要进一步采用线性插值法来获取此类顶点的配对点,如图 10.9 所示。

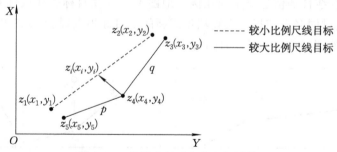

图 10.9　线性内插对应点坐标计算

根据解析几何原理,可导出内插点的坐标计算公式为

$$x_i = x_1 + \frac{p}{p+q}\Delta x_{12} \; ; \; y_i = y_1 + \frac{p}{p+q}\Delta y_{12} \tag{10.8}$$

式中, $p = (\Delta x_{54}^2 + \Delta y_{54}^2)^{1/2}$, $q = (\Delta x_{43}^2 + \Delta y_{43}^2)^{1/2}$ 。对式(10.8)进行线性化,得到各系数为

$$a_1 = \frac{\partial x_i}{\partial x_1} = \frac{q}{p+q}, a_2 = \frac{\partial x_i}{\partial y_1} = 0, a_3 = \frac{\partial x_i}{\partial x_2} = \frac{p}{p+q}, a_4 = \frac{\partial x_i}{\partial y_2} = 0,$$

$$a_5 = \frac{\partial x_i}{\partial x_3} = -\frac{p \Delta x_{12} \Delta x_{43}}{q(p+q)^2}$$

$$a_6 = \frac{\partial x_i}{\partial y_3} = -\frac{p \Delta x_{12} \Delta y_{43}}{q(p+q)^2}, a_7 = \frac{\partial x_i}{\partial x_4} = \frac{\Delta x_{12}}{pq(p+q)^2}(p^2 \Delta x_{43} + q^2 \Delta x_{54}),$$

$$a_8 = \frac{\partial x_i}{\partial y_4} = \frac{\Delta x_{12}}{pq(p+q)^2}(p^2 \Delta y_{43} + q^2 \Delta y_{54}), a_9 = \frac{\partial x_i}{\partial x_5} = -\frac{q \Delta x_{12} \Delta x_{54}}{p(p+q)^2},$$

$$a_{10} = \frac{\partial x_i}{\partial y_5} = -\frac{q \Delta x_{12} \Delta y_{54}}{p(p+q)^2},$$

$$b_1 = \frac{\partial y_i}{\partial x_1} = 0, b_2 = \frac{\partial y_i}{\partial y_1} = \frac{q}{p+q}, b_3 = \frac{\partial y_i}{\partial x_2} = 0, b_4 = \frac{\partial y_i}{\partial y_2} = \frac{p}{p+q},$$

$$b_5 = \frac{\partial y_i}{\partial x_3} = -\frac{p \Delta y_{12} \Delta x_{43}}{q(p+q)^2}$$

$$b_6 = \frac{\partial y_i}{\partial y_3} = -\frac{p \Delta y_{12} \Delta y_{43}}{q(p+q)^2}, b_7 = \frac{\partial y_i}{\partial x_4} = \frac{\Delta y_{12}}{pq(p+q)^2}(p^2 \Delta x_{43} + q^2 \Delta x_{54})$$

$$b_8 = \frac{\partial y_i}{\partial y_4} = \frac{\Delta y_{12}}{pq(p+q)^2}(p^2 \Delta y_{43} + q^2 \Delta y_{54}), b_9 = \frac{\partial y_i}{\partial x_5} = -\frac{q \Delta y_{12} \Delta x_{54}}{p(p+q)^2},$$

$$b_{10} = \frac{\partial y_i}{\partial y_5} = -\frac{q \Delta y_{12} \Delta y_{54}}{p(p+q)^2}$$

（10.9）

从而获得系数矩阵 $\boldsymbol{\xi} = \begin{bmatrix} a_1 & a_2 & a_3 & a_4 & a_5 & a_6 & a_7 & a_8 & a_9 & a_{10} \\ b_1 & b_2 & b_3 & b_4 & b_5 & b_6 & b_7 & b_8 & b_9 & b_{10} \end{bmatrix}$，进而由方差-协方差传播律可导出线性插值点 z_i 的协方差阵为

$$\boldsymbol{\zeta}_{z_i z_i} = \begin{bmatrix} \sigma_{x_i}^2 & \sigma_{x_i y_i} \\ \sigma_{y_i x_i} & \sigma_{y_i}^2 \end{bmatrix} = \boldsymbol{\xi} \boldsymbol{\zeta}_{00} \boldsymbol{\xi}^{\mathrm{T}} \qquad (10.10)$$

假设各顶点坐标相互独立，则 $\boldsymbol{\zeta}_{00} = \mathrm{diag}(\Gamma_{11}, \Gamma_{22}, \cdots, \Gamma_{55})$，其中，$\Gamma_{ii} = \begin{bmatrix} \sigma_{x_i}^2 & \sigma_{x_i y_i} \\ \sigma_{y_i x_i} & \sigma_{y_i}^2 \end{bmatrix}$，将 $\boldsymbol{\zeta}_{00}$ 代入式（10.3）可导出 $\boldsymbol{\zeta}_{z_i z_i}$ 中各分量的具体表达式为

$$\sigma_{x_i}^2 = a_1^2 \sigma_{x_1}^2 + 2a_1 a_2 \sigma_{x_1 y_1} + a_2^2 \sigma_{y_1}^2 + a_3^2 \sigma_{x_2}^2 + 2a_3 a_4 \sigma_{x_2 y_2} + a_4^2 \sigma_{y_2}^2 + a_5^2 \sigma_{x_3}^2 +$$
$$2a_5 a_6 \sigma_{x_3 y_3} + a_6^2 \sigma_{y_3}^2 + a_7^2 \sigma_{x_4}^2 + 2a_7 a_8 \sigma_{x_4 y_4} + a_8^2 \sigma_{y_4}^2 + a_9^2 \sigma_{x_5}^2 + 2a_9 a_{10} \sigma_{x_5 y_5} +$$
$$a_{10}^2 \sigma_{y_5}^2$$

$$\sigma_{x_i y_i} = a_1 b_1 \sigma_{x_1}^2 + (a_1 b_2 + a_2 b_1) \sigma_{x_1 y_1} + a_2 b_2 \sigma_{y_1}^2 + a_3 b_3 \sigma_{x_2}^2 + (a_3 b_4 + a_4 b_3) \sigma_{x_2 y_2} +$$
$$a_4 b_4 \sigma_{y_2}^2 + a_5 b_5 \sigma_{x_3}^2 + (a_5 b_6 + a_6 b_5) \sigma_{x_3 y_3} + a_6 b_6 \sigma_{y_3}^2 + a_7 b_7 \sigma_{x_4}^2 +$$
$$(a_7 b_8 + a_8 b_7) \sigma_{x_4 y_4} + a_8 b_8 \sigma_{y_4}^2 + a_9 b_9 \sigma_{x_5}^2 + (a_9 b_{10} + a_{10} b_9) \sigma_{x_5 y_5} + a_{10} b_{10} \sigma_{y_5}^2$$

$$\sigma_{y_i}^2 = b_1^2 \sigma_{x_1}^2 + 2b_1 b_2 \sigma_{x_1 y_1} + b_2^2 \sigma_{y_1}^2 + b_3^2 \sigma_{x_2}^2 + 2b_3 b_4 \sigma_{x_2 y_2} + b_4^2 \sigma_{y_2}^2 + b_5^2 \sigma_{x_3}^2 +$$
$$2b_5 b_6 \sigma_{x_3 y_3} + b_6^2 \sigma_{y_3}^2 + b_7^2 \sigma_{x_4}^2 + 2b_7 b_8 \sigma_{x_4 y_4} + b_8^2 \sigma_{y_4}^2 + b_9^2 \sigma_{x_5}^2 + 2b_9 b_{10} \sigma_{x_5 y_5} +$$
$$b_{10}^2 \sigma_{y_5}^2$$

进而得到线性内插点的误差估计表达式。

3. 节点捕捉获取位置精度最优顶点

令 $\boldsymbol{z}_m = [x_m \quad y_m]^T$ 为对应配对点，其协方差阵为 $\boldsymbol{\zeta}_{z_m z_m} = \begin{bmatrix} \sigma_{x_m}^2 & \sigma_{x_m y_m} \\ \sigma_{y_m x_m} & \sigma_{y_m}^2 \end{bmatrix}$，则待

捕捉点对中两顶点的协方差阵为 $\boldsymbol{\zeta}_{z^* z^*} = \begin{bmatrix} \sigma_{x_1}^2 & \sigma_{x_1 y_1} & \sigma_{x_1 x_2} & \sigma_{x_1 y_2} \\ \sigma_{y_1 x_1} & \sigma_{y_1}^2 & \sigma_{y_1 x_2} & \sigma_{y_1 y_2} \\ \sigma_{x_2 x_1} & \sigma_{x_2 y_1} & \sigma_{x_2}^2 & \sigma_{x_2 y_2} \\ \sigma_{y_2 x_1} & \sigma_{y_2 y_1} & \sigma_{y_2 x_2} & \sigma_{y_2}^2 \end{bmatrix}$，根据节点

捕捉广义算法及其误差传播模型可导出捕捉处理后新生成顶点 z 的坐标估值及其误差估计公式（刘文宝 等，2001），即

$$z = \Big[\sum_{i=1}^{2} \sum_{j=1}^{2} \Phi_{ij} \Big]^{-1} \sum_{i=1}^{2} \sum_{j=1}^{2} (\Phi_{ij} z_j) \tag{10.11}$$

$$\zeta = \Big[\sum_{i=1}^{2} \sum_{j=1}^{2} \Phi_{ij} \Big]^{-1} \tag{10.12}$$

将捕捉生成的各新顶点依次连接生成新线目标，即一致化处理后的折线目标。进而，根据欧氏几何距离、最小二乘定律和方差-协方差传播律，推导得到新线目标的长度估值公式及其误差估计，分别表达为

$$l^* = \sum_{i=1}^{n-1} \overline{z_i^* z_{i+1}^*} = \sum_{i=1}^{n-1} \big[(x_{i+1}^* - x_i^*)^2 + (y_{i+1}^* - y_i^*)^2 \big]^{1/2} \tag{10.13}$$

$$\sigma_{l^*}^2 = \boldsymbol{K} \boldsymbol{\Gamma}^* \boldsymbol{K}^T \tag{10.14}$$

若一致化处理后得到的各顶点相互独立，则 $\boldsymbol{\Gamma}^* = \mathrm{diag}(\Gamma_{11}, \Gamma_{22}, \cdots, \Gamma_{nn})$，其

中，$\boldsymbol{\Gamma}_{ii} = \begin{bmatrix} \sigma_{x_i^*}^2 & \sigma_{x_i^* y_i^*} \\ \sigma_{y_i^* x_i^*} & \sigma_{y_i^*}^2 \end{bmatrix}$，而 $\boldsymbol{K} = [\alpha_1 \quad \beta_1 \quad \alpha_2 \quad \beta_2 \quad \cdots \quad \alpha_n \quad \beta_n]$，其中各元素分别是对

式(10.13)线性化后得到的系数，具体表达式为

$$\alpha_1 = -(x_2^* - x_1^*) / \overline{z_1^* z_2^*} , \beta_1 = -(y_2^* - y_1^*) / \overline{z_1^* z_2^*}$$

$$\alpha_2 = (x_2^* - x_1^*) / \overline{z_1^* z_2^*} - (x_3^* - x_2^*) / \overline{z_2^* z_3^*} ,$$

$$\beta_2 = (y_2^* - y_1^*) / \overline{z_1^* z_2^*} - (y_3^* - y_2^*) / \overline{z_2^* z_3^*} ,$$

$$\vdots$$

$$\alpha_{n-1} = (x_{n-1}^* - x_{n-2}^*) / \overline{z_{n-2}^* z_{n-1}^*} - (x_n^* - x_{n-1}^*) / \overline{z_{n-1}^* z_n^*} ,$$

$$\beta_{n-1} = (y_{n-1}^* - y_{n-2}^*) / \overline{z_{n-2}^* z_{n-1}^*} - (y_n^* - y_{n-1}^*) / \overline{z_{n-1}^* z_n^*} ,$$

$$\alpha_n = (x_n^* - x_{n-1}^*) / \overline{z_{n-1}^* z_n^*} , \beta_n = (y_n^* - y_{n-1}^*) / \overline{z_{n-1}^* z_n^*}$$

§10.3　基于空间关系约束的地图数据不一致性同化处理

随着制图综合、多尺度地图数据协同应用的深化,对不同比例尺地图空间数据之间不一致性的研究将更具现实意义和应用价值(王家耀,2010)。实际生产中,许多制图综合算子(如"简化""光滑"和"聚合"等)会改变空间目标形状、维度和图形结构,从而使空间目标的不同比例尺表达发生变化,进而产生不一致(Du et al,2008)。近年来,在众多针对相同或相近比例尺地图数据空间目标之间不一致性的研究中(艾廷华 等,2000),也有一些学者开始关注空间数据集成或数据库更新中的不一致性问题(Devogele et al,1998),针对河流与等高线之间的不一致性研究成果逐渐丰富起来(Ai et al,2014;Chen et al,2007)。其中,由制图综合操作引起的不一致性问题日渐受到关注,其中代表性研究包括:Kang 等(2005)提出了基于拓扑属性严密分类规则,并用于评价和探测由"Collapse"综合操作引起的拓扑不一致性。Du 等(2008)基于"Merging"和"Dropping"制图综合操作提出了针对宽边界复杂面目标的结构和拓扑不一致性评价方法,上述研究基本是针对制图综合过程中某一种或两种不一致性的探测和评价,而在处理层面则进展缓慢也无突破,制图综合过程中的不一致性问题处理仍以基于"移位"操作的方法为主(Liu et al,2014),部分悬而未决的不一致性问题仍未得到有效且合理的处理(Li,2007)。例如,图 10.10(a)和(c)分别为"简化"操作后导致两面目标之间方向关系不一致和度量关系不一致,如图 10.10(c)中圆圈位置所示,综合前 A、B 两目标之间最近距离为 2.30 m,而综合后距离变为 5.09 m;图 10.10(b)和(d)所示则为对河流的"光滑"操作导致河流与建筑物之间的拓扑不一致,即建筑物"落入"河流中。

分析图 10.10(b)和(d)所示河流与建筑物之间的拓扑冲突不难看出,由较大比例尺河流综合派生较小比例尺河流的操作一方面略去了许多弯曲细节,提高了其概括程度,另一方面又改变了河流边界的空间位置,使河流与建筑物由综合前的拓扑"相离"变为综合后的拓扑"相交",进而导致拓扑冲突,其表现形式为建筑物

"落入"河流中,而深层次的原因则是概括后的河流边界位置变化。如图 10.10(d)所示,综合前,河流 D 的边界弯曲细节明显,其局部几何形状与建筑物 C 的北部轮廓较吻合,综合后,河流 D 的边界弯曲细节被概括,其图中圆圈所示的局部几何形状也不再与建筑物轮廓相吻合,河流边界位置也变动至建筑物一侧,并穿过建筑物 C,进而产生拓扑冲突。

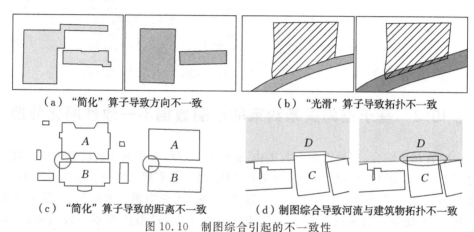

（a）"简化"算子导致方向不一致　　　　　（b）"光滑"算子导致拓扑不一致

（c）"简化"算子导致的距离不一致　　　　（d）制图综合导致河流与建筑物拓扑不一致

图 10.10　制图综合引起的不一致性

为此,本小节主要针对制图综合操作导致的河流与建筑物之间的拓扑不一致性问题,介绍两种一致化处理方法,即基于距离-拓扑空间关系约束的一致化方法及其改进模型。

10.3.1　基于距离-拓扑空间关系约束的一致化模型

通常,相对于较小比例尺地图数据而言,较大比例尺地图数据具有较高的精度和较强的现势性,而相对于自然地物而言,人工地物也具有较高的精度和较强的现势性。为了兼顾较大比例尺地图数据的详细性、精确性和较小比例尺地图数据的概括性与全局性,此处遵循较小比例尺地图目标让位于较大比例尺地图目标,以及自然地物让位于人工地物的原则,基于数据同化思想,以 Morphing 变换为技术为手段进行插值,使同化结果尽可能多地保留不同比例尺河流边界的几何形状、概括趋势等特征,同时顾及空间目标之间的拓扑和距离关系约束,提出一种不同比例尺地图面目标之间不一致性同化处理方法。

基于距离-拓扑空间关系约束的一致化模型的研究策略是:①通过叠置、求差和求交等空间操作获得与建筑物面目标存在不一致性的不同比例尺地图河流面目标边界;②分别以较大比例尺河流边界和较小比例尺河流边界为变换端点,利用 Morphing 插值技术的"交叉溶解"特性进行同化,进而,根据插值河流边界与建筑物面目标之间的拓扑和距离关系约束决定同化程度,以达到对制图综合中建筑物

等面目标"落入"河流中这类不一致性进行同化处理的目的,如图 10.11 所示。具体处理步骤如下:

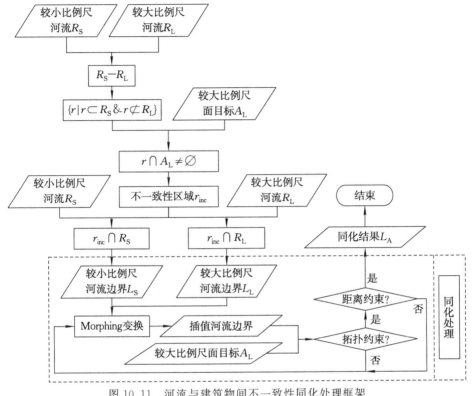

图 10.11　河流与建筑物间不一致性同化处理框架

(1)将较小比例尺河流和较大比例尺河流分别记为 R_S 和 R_L 并求差,获得可能的不一致区域集合 $Reg\{r \mid r \subset R_S \& r \not\subset R_L\}$;

(2)取集合 $Reg\{\cdot\}$ 中的一个区域 r_k,判断 r_k 与一定缓冲范围内(如以道路宽度为缓冲半径)的建筑物面目标是否相交,若不相交,则将其从集合 $Reg\{\cdot\}$ 中移除,r_{inc} 由此获得不一致区域集合 $Z_{int}\{\cdot\}$,若集合 $Z_{int}\{\cdot\}$ 为空,则转至步骤(6);

(3)遍历集合 $Z_{int}\{\cdot\}$ 中区域 z_i,将 z_i 与较大比例尺河流和较小比例尺河流分别进行空间操作,提取出该区域 z_i 的边界,即较大比例尺河流边界和较小比例尺河流边界,也即 Morphing 变换的起点 L_L 和终点 L_S;

(4)分别以 L_L 和 L_S 为端点,运用 Morphing 变换方法在两条边界之间插值,并顾及插值边界与建筑物边界之间的距离约束 $ContD$ 和拓扑约束 $ContT$,如图 10.12 所示(赵彬彬,2015),从而获得最佳插值边界的同化结果 L_A;

(5)从较小比例尺河流区域中减去插值边界 L_A 与原冲突边界构成的区域,从而获得处理后的较小比例尺河流;

(6)不一致性处理结束。

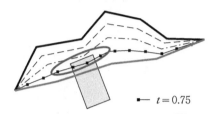 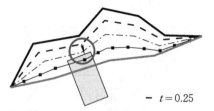

(a)同化结果与建筑物的拓扑关系约束　　　(b)同化结果与建筑物的距离关系约束

图 10.12　顾及距离-拓扑空间关系约束的不一致性同化

由于对较大比例尺河流综合派生较小比例尺河流时,河流与建筑物之间的拓扑关系由综合前的"相离"变为综合后的"相交",从而导致建筑物"落入"河流中,进而产生不一致。为此,在对不同比例尺河流边界进行同化处理时,必须顾及河流与建筑物之间的拓扑关系约束,即保持同化后的河流与建筑物之间拓扑"相离",如图 10.12(a),移位距离值 $t=0.75$ 对应的同化结果与建筑物之间拓扑"相交",显然不满足河流与建筑物间的拓扑关系约束。如图 10.12(b)所示,由于不同的移位距离值对应不同的河流边界同化结果,因此,满足拓扑约束的同化河流边界并不唯一,为了最大程度地契合综合派生的较小比例尺河流边界的概括趋势,则必须顾及同化后河流边界与建筑物之间的距离约束,即满足不同比例尺地图相关规范及人眼对图上最小距离分辨率的要求(GB/T 13990—2012;GB/T 12343.1—2008;GB/T 20257.2—2006;此处取 0.1 mm),如图 10.12(b)所示,移位距离值 $t=0.25$ 对应的河流边界同化结果与建筑物之间的图上距离 d_{map} 约为 6.2 mm,也不满足距离关系约束。

在同时顾及距离约束和拓扑关系约束的前提条件下,通过对不同移位距离值 t 的多次迭代,即可获得同时满足距离和拓扑空间关系约束的河流边界同化结果。

10.3.2　基于距离关系约束的一致化改进模型

分析基于距离-拓扑空间关系约束的一致化模型可知,由于 Morphing 变换插值区域内仍然包含了"落入"其中的建筑物目标,因此,在用上述模型进行一致化处理的过程中,同化结果依然存在与建筑物相交而继续产生冲突的可能,即需要兼顾距离和拓扑两个空间关系约束条件,两者缺一不可,因而涉及的目标之间的空间操作运算环节较多,计算量也较大(Zhao et al,2015)。为此,对上述模型进行改进引入了基于距离关系约束的一致化改进模型(赵彬彬,2015),其改进的解决方案为:根据综合前后河流局部边界位置并顾及建筑物边界进行线性插值以获得新的综合后的河流边界,处理流程如图 10.13 所示,具体处理步骤如下:

(1)将较小比例尺河流和较大比例尺河流分别记为 R_{S} 和 R_{L} 并求差,获得可能的不一致区域集合 $Reg\{r\mid r\subset R_\mathrm{S}\&r\not\subset R_\mathrm{L}\}$；

（2）取集合 $Reg\{\cdot\}$ 中的区域 r_k，判断 r_k 与一定缓冲范围内（如以道路宽度为缓冲半径）的建筑物面目标是否相交，若不相交，则将其从集合 $Reg\{\cdot\}$ 中移除，由此获得不一致区域集合 $Z_\mathrm{int}\{\cdot\}$，若集合 $Z_\mathrm{int}\{\cdot\}$ 为空，则转至步骤（6）；

（3）遍历集合 $Z_\mathrm{int}\{\cdot\}$ 中区域 z_i，将 z_i 与相交的建筑物求差获得剔除不一致区域的待插值区域 z_int_i，进而依次获取 z_int_i 与较大比例尺河流的公共边界 Bd_Lar_i 及与较小比例尺河流和建筑物的公共边界 Bd_Sma_i；

（4）分别以 Bd_Lar_i 和 Bd_Sma_i 为端点，运用 Morphing 变换方法在两端点之间插值，并顾及插值边界与建筑物边界之间的距离约束 $ContD$，从而获得最佳插值边界 $OptBd_i$；

（5）从较小比例尺河流区域中减去插值边界 $OptBd_i$ 与原冲突边界构成的区域，从而获得处理后的较小比例尺河流；

（6）不一致处理结束。

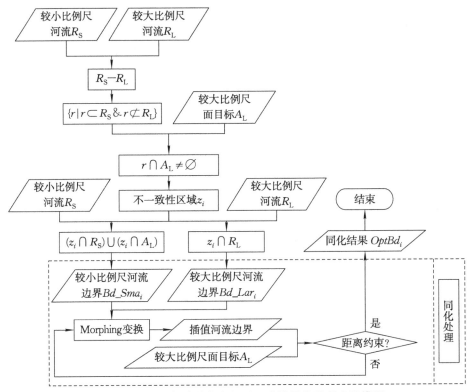

图 10.13　河流与建筑物之间不一致性同化处理改进模型

与基于距离-拓扑空间关系约束的一致化模型相似，基于距离关系约束的一致化改进模型也需要对不同移位距离值 t 进行迭代，进而获得最优的河流边界同化结果(赵彬彬,2015),后者在迭代过程中避免了拓扑关系的计算。

§10.4 实验分析

为了分析上述不一致性处理模型的适用情况及效果,下面分别对投影法、极优对应法、基于距离-拓扑空间关系约束的一致化模型及其改进模型等方法进行实验分析。

10.4.1 不一致折线目标投影法处理实验

不同的两个数据源中表达同一空间线实体的两个线目标通常表现为具有不一致性的两条折线段,如图 10.14 所示(简灿良,2013),为两条本是表达同一地理对象的边界线,分别取自于不同精度的两个数据来源中。由于不同数据源在数据质量方面的差异使得两邻接多边形的共享边界存在一致性。其中折线 A 是一条由两节点和 5 个中间顶点构成的折线,而折线 B 则是一条由两节点和 6 个中间顶点构成的折线,如图 10.14(a)所示。在实际分析和应用中,可以假定各个数据层中的图形要素是相互独立的,表 10.1 列出了两折线目标的各顶点坐标及其精度信息,其中各顶点按图 10.14(b)所示顺序进行编号。

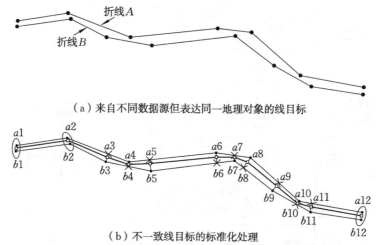

(a)来自不同数据源但表达同一地理对象的线目标

(b)不一致线目标的标准化处理

图 10.14   在叠置分析时出现的不一致线目标及一致化处理

在 ArcInfo 软件中对上述在模糊容限内不一致线目标的处理方法是:①进行节点捕捉,如 Move 方法(节点移动)、Adjust 方法(节点调整)等;②删掉其中一条精度相对较低的弧(或线)及其相应的顶点(简灿良,2013)。下面,利用投影法来进行一致化处理,具体步骤为:

(1)对不一致的折线 A 和折线 B 进行标准化处理,如图 10.14(b)所示;

（2）利用式（10.1）和式（10.3）分别计算投影点的坐标值及其精度信息，结果如表 10.2 所示；

（3）通过对所有的匹配点对进行捕捉处理，并根据式（10.2）计算捕捉处理后各新点的坐标及其精度，结果如表 10.3 所示；

（4）为所有新生成的节点建立连接关系，并根据式（10.5）至式（10.7）分别计算新生成弧（或线）的长度及其方差值，并对比现有的处理方法（这里以 Move 方法为例），结果列于表 10.4。处理后生成的新折线为折线 C，如图 10.15 所示（简灿良，2013）。

表 10.1　不一致性处理前折线 A 和折线 B 点的坐标数据

编号	点号	x/m	y/m	σ_x/m	σ_y/m	σ_{xy}/m^2
折线 A	$a1$	23 921.74	606 653.92	5	5	0
	$a2$	24 099.54	606 681.44	5	5	0
	$a4$	24 315.44	606 598.89	5	5	0
	$a6$	24 618.13	606 632.75	5	5	0
	$a8$	24 736.66	606 617.94	5	5	0
	$a10$	24 905.99	606 469.77	5	5	0
	$a12$	25 124.01	606 431.67	5	5	0
折线 B	$b1$	23 917.51	606 632.75	10	10	0
	$b2$	24 108.01	606 660.27	10	10	0
	$b3$	24 234.58	606 599.55	10	10	0
	$b5$	24 390.15	606 569.39	10	10	0
	$b7$	24 679.87	606 605.90	10	10	0
	$b9$	24 814.98	606 503.64	10	10	0
	$b11$	24 941.98	606 433.79	10	10	0
	$b12$	25 121.89	606 406.27	10	10	0

表 10.2　标准化处理后前折线 A 和折线 B 点的坐标

编号	点号	x/m	y/m	σ_x/m	σ_y/m	σ_{xy}/m^2
折线 A	$a3$	24 243.89	606 626.19	7.32	5.44	0
	$a5$	24 386.08	606 607.35	7.82	5.89	0
	$a7$	24 682.16	606 624.71	8.33	5.91	0
	$a9$	24 836.42	606 530.26	7.19	6.03	0
	$a11$	24 951.24	606 461.20	6.39	6.94	0
折线 B	$b4$	24 312.66	606 584.47	4.59	9.36	0
	$b6$	24 620.64	606 598.49	4.15	9.84	0
	$b8$	24 713.51	606 580.24	5.01	9.19	0
	$b10$	24 898.98	606 456.94	5.22	9.51	0

表 10.3   捕捉处理后新生成点的坐标及其精度数据

编号	点号	x/m	y/m	σ_x/m	σ_y/m	σ_{xy}/m^2
折线 C	$c1$	23 918.80	606 645.26	4.46	4.87	0
	$c2$	24 102.69	606 672.38	4.46	4.87	0
	$c3$	24 240.27	606 614.83	4.63	4.33	0
	$c4$	24 314.36	606 590.36	4.59	4.27	0
	$c5$	24 387.12	606 594.99	4.52	4.25	0
	$c6$	24 617.97	606 618.80	4.88	4.08	0
	$c7$	24 680.80	606 617.48	4.38	4.07	0
	$c8$	24 727.11	606 602.92	4.03	9.88	0
	$c9$	24 827.65	606 520.24	4.01	9.88	0
	$c10$	24 902.39	606 462.03	4.86	4.85	
	$c11$	24 948.70	606 450.79	4.48	4.32	
	$c12$	25 122.00	606 419.70	4.86	4.85	

表 10.4   Move 方法与投影法处理结果对比

处理方法	折线 C 长度 l/m	周长标准差 σ_l/m
Move 方法	1 281.42	7.69
投影法	1 278.03	6.38
差值	3.39	1.31

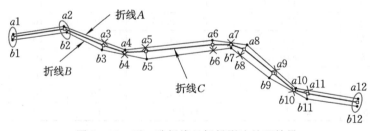

图 10.15   不一致折线目标投影法处理结果

10.4.2   不一致折线目标整体极优对应法处理实验

为了对基于整体极优对应的不同比例尺地图线目标一致化处理方法进行验证和评价,本小节按照 10.3.4 节所述策略,选取某地实际线状道路目标,在目标匹配基础上(赵彬彬,2011),采用 1∶10 000、1∶25 000 和 1∶50 000 三种不同比例尺的同名线目标进行两两分组实验,如图 10.16 所示。不妨设同一线目标上各顶点的 x、y 坐标不相关且标准差相同,参照相关规范(GB/T 12343.1—2008;GB/T 13990—2012),分别取三种不同比例尺线目标顶点坐标的标准差为 5 m、12.5 m 和 25 m,下面分别进行探讨分析。

1. 1∶10 000 和 1∶25 000 线目标实验

如图 10.16(a)所示,1∶10 000 和 1∶25 000 的两个线目标的顶点数分别为 63 和 41,长度分别为 2 815.94 m 和 2 802.89 m(表 10.5)。图 10.17(a)为采用投影法建立的两个线目标之间配对点的 x、y 坐标标准差,其中 x、y 坐标标准差最大值分别为 47.4 m 和 30.3 m;图 10.17(b)为采用 OLOC 法建立的两个线目标之间配对点的 x、y 坐标标准差,其中 x、y 坐标标准差最大值都为 12.5 m;图 10.17(c)为分别采用投影法和 OLOC 法的配对点捕捉后新生成顶点的 x、y 坐标标准差,其中 x、y 坐标标准差最大值分别为 11.4 m 和 8.6 m。

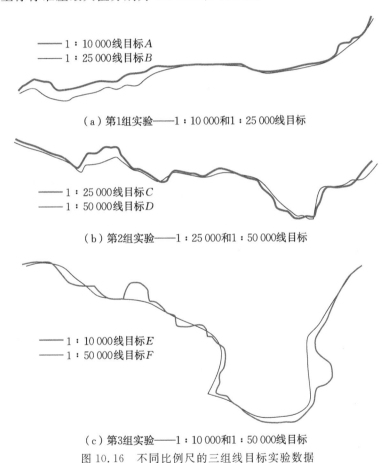

（a）第1组实验——1∶10 000和1∶25 000线目标

（b）第2组实验——1∶25 000和1∶50 000线目标

（c）第3组实验——1∶10 000和1∶50 000线目标

图 10.16　不同比例尺的三组线目标实验数据

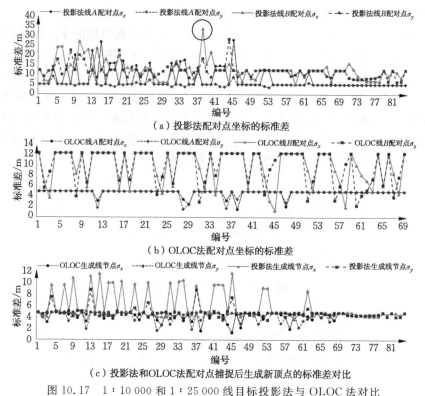

（a）投影法配对点坐标的标准差

（b）OLOC法配对点坐标的标准差

（c）投影法和OLOC法配对点捕捉后生成新顶点的标准差对比

图 10.17   1∶10 000 和 1∶25 000 线目标投影法与 OLOC 法对比

2. 1∶25 000 和 1∶50 000 线目标实验

如图 10.16(b) 所示，1∶25 000 和 1∶50 000 的两个线目标的顶点数分别为 89 和 61，长度分别为 3 397.71 m 和 3 292.55 m（表 10.5）。图 10.18(a) 为采用投影法建立的两个线目标之间配对点的 x、y 坐标标准差，其中 x、y 坐标标准差最大值分别为 463.8 m 和 105.5 m；图 10.18(b) 为采用 OLOC 法建立的两个线目标之间配对点的 x、y 坐标标准差，其中 x、y 坐标标准差最大值都为 25 m；图 10.18(c) 为分别采用投影法和 OLOC 法的配对点捕捉后新生成顶点的 x、y 坐标标准差，其中 x、y 坐标的标准差最大值分别为 20.6 m 和 20.1 m。

3. 1∶10 000 和 1∶50 000 线目标实验

如图 10.16(c) 所示，1∶10 000 和 1∶50 000 的两个线目标顶点数分别为 75 和 49，长度分别为 1 600.89 m 和 1 419.73 m（表 10.5）。图 10.19(a) 为采用投影法建立的两个线目标之间配对点的 x、y 坐标标准差，其中 x、y 坐标标准差最大值分别为 126.3 m 和 77.3 m；图 10.19(b) 为采用 OLOC 法建立的两个线目标之间配对点的 x、y 坐标标准差，其中 x、y 坐标标准差最大值都为 25 m；图 10.19(c) 为分别采用投影法和 OLOC 法的配对点捕捉后新生成顶点的 x、y 坐标标准差，其中 x、y 坐标标准差最大值分别为 18.7 m 和 18.0 m。

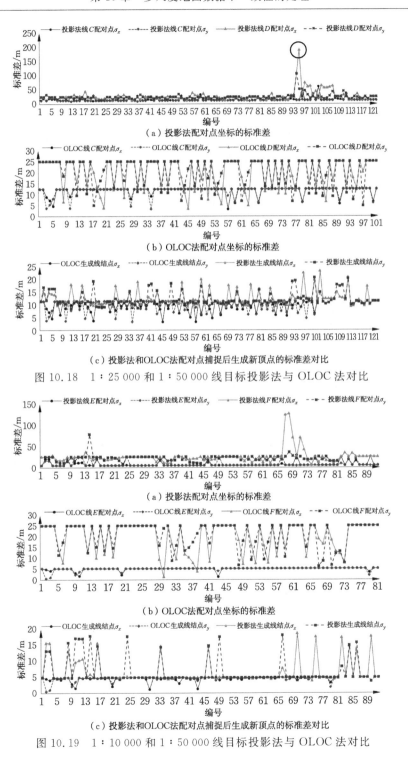

（a）投影法配对点坐标的标准差

（b）OLOC 法配对点坐标的标准差

（c）投影法和 OLOC 法配对点捕捉后生成新顶点的标准差对比

图 10.18　1∶25 000 和 1∶50 000 线目标投影法与 OLOC 法对比

（a）投影法配对点坐标的标准差

（b）OLOC 法配对点坐标的标准差

（c）投影法和 OLOC 法配对点捕捉后生成新顶点的标准差对比

图 10.19　1∶10 000 和 1∶50 000 线目标投影法与 OLOC 法对比

　　显然,三组实验中,用投影法建立两个不同比例尺线目标顶点配对关系的误差都大于 OLOC 法,特别地,当投影点在线段延长线上时,将导致其坐标误差陡增,如图 10.20 所示,该投影法配对点对应图 10.17(a)和图 10.18(a)中圆圈所示坐标误差。同时,OLOC 法获得的新顶点精度要高于投影法。进而,由 OLOC 法产生的新顶点连接生成的新线目标的长度标准差和相对误差也小于投影法,如表 10.5 所示。在第 1 组实验中,投影法所生成新线目标的长度标准差为 41.96 m,相对误差为 14/1 000,而 OLOC 法所生成新线目标的长度标准差为 17.37 m,相对误差为 6/1 000;在第 2 组实验中,投影法所生成新线目标的长度标准差为 42.08 m,相对误差为 11/1 000,而 OLOC 法所生成新线目标的长度标准差为 39.02 m,相对误差为 10/1 000;在第 3 组实验中,投影法所生成新线目标的长度标准差为 37.29 m,相对误差为 23/1 000,而 OLOC 法所生成新线目标的长度标准差为 17.45 m,相对误差为 11/1 000。

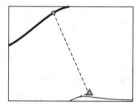 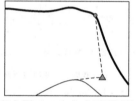

(a)图10-17(a)中圆圈标示　　(b)图10-18(a)中圆圈标示
　　标准差所对应的配对点　　　　标准差所对应的配对点

图 10.20　投影法局限性对配对点坐标误差的影响

表 10.5　不同比例尺线目标一致化处理结果评价

实验序次	比例尺	长度/m	顶点数	处理方法	长度/m	标准差/m	相对误差
1	1∶10 000	2 815.94	63	投影法	2 976.89	41.96	14/1 000
	1∶25 000	2 802.89	41	OLOC 法	2 934.59	17.37	6/1 000
				差值	42.40	24.59	8/1 000
2	1∶25 000	3 397.71	89	投影法	3 730.88	42.08	11/1 000
	1∶50 000	3 292.55	61	OLOC 法	3 556.93	39.02	10/1 000
				差值	173.95	3.06	1/1 000
3	1∶10 000	1 600.89	75	投影法	1 561.81	37.29	23/1 000
	1∶50 000	1 419.73	49	OLOC 法	1 595.96	17.45	11/1 000
				差值	−34.15	19.84	12/1 000

　　通过对不同比例尺地图线目标一致化处理结果的对比可以看出(这里仅列出第 1 组实验的对比结果,另两组实验也有类似对比结果):就线目标整体方面而言,基于线目标整体极优对应的 OLOC 法在精度上优于投影法(表 10.5);局部细节方面,投影法一致化处理后所生成的新线目标顶点数明显增加,同时容易出现类似于"锯齿"凸起的形状突变等不合理问题(图 10.21),而 OLOC 法则在保持顶点数目

与处理前大致相当的同时,既保留了较大比例尺线目标的细节特征又兼顾了较小比例尺线目标的概括趋势,显然,其处理结果更合理。

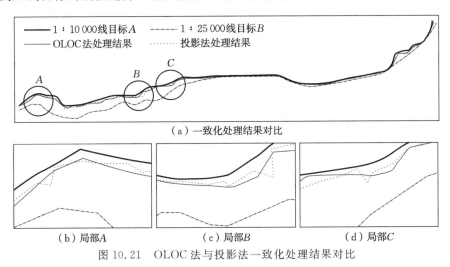

（a）一致化处理结果对比

（b）局部A　　　　　　（c）局部B　　　　　　（d）局部C

图 10.21　OLOC 法与投影法一致化处理结果对比

10.4.3　河流与等高线之间拓扑不一致性处理实验

如图 10.22 所示(简灿良,2013),通过拓扑关系的计算,探测得到河流 A 与等高线 B 之间存在拓扑不一致性,即出现河流爬坡现象(Chen et al,2007),并且能确定不一致性发生在交分量 0 和 1 之间以及交分量 2 和 3 之间,如图 10.22(c)所示。进一步地,为了消除河流 A 与等高线 B 之间的不一致性,需要计算河流 A 与等高线 B 之间的局部方向关系和局部距离关系(此处指从 A 到 B 的局部有向 Hausdorff 距离)。处理过程中,需要根据局部方向关系和局部距离关系实现移位操作。如图 10.22(d)所示,根据等高线与河流之间的局部方向关系,交分量 0 与 1、2 与 3 之间河流 A 的部分需要朝等高线 B 的东侧移位。同时,移位的程度由局部距离关系确定。在实现的过程中,移位可以通过调整某些顶点的位置来确保河流 A 与等高线 B 之间正确的方向关系和距离关系,如图 10.22(e)所示。此外,移位的过程中还要考虑其他相邻的专题要素,以免引发次生不一致性。

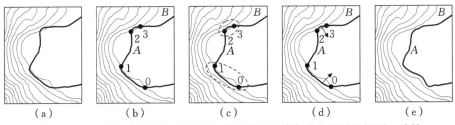

（a）　　　　　（b）　　　　　（c）　　　　　（d）　　　　　（e）

图 10.22　应用集成空间关系探测和处理河流与等高线之间的空间不一致性

10.4.4　基于距离-拓扑关系约束的河流与建筑物之间拓扑不一致性同化处理实验

为了对基于距离-拓扑空间关系约束的一致化处理模型进行验证,下面按照§10.3提出的策略,参照相关规范(GB/T 12343.1—2008;GB/T 20257.2—2006),采用两组不同比例尺的河流和居民地数据进行实验(图10.23),并与德洛奈(Delaunay)三角网骨架线中轴化法进行对比。

1. 不一致性同化处理

实验一采用1∶2 000的河流和建筑物及综合后的1∶10 000的面状河流目标进行实验,如图10.23(a)和(b)所示。由较大比例尺河流综合派生较小比例尺河流时,因河流边界"简化"导致河流与建筑物之间发生拓扑不一致,如图10.23(c)所示。

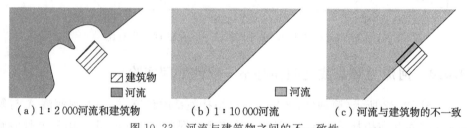

（a）1∶2 000河流和建筑物　　　（b）1∶10 000河流　　　（c）河流与建筑物的不一致

图10.23　河流与建筑物之间的不一致性

处理过程如下:①按图10.11策略得到两不同比例尺河流之差,获得两河流边界不一致区域,如图10.24(a)所示,进一步获得两不同比例尺河流边界,如图10.24(b)所示。②通过 Morphing 变换选取不同的移位距离值 t 获得不同程度的同化结果,如图10.24(c)~(f)所示,显然,当 $t \in [0.6,1.0]$ 时,同化结果都不满足河流与建筑物目标之间"相离"的拓扑关系约束,当 $t \in [0,0.6)$ 时,同化结果满足拓扑"相离"的约束;③通过距离关系约束进一步确定移位距离值,当 $t = 0.363$ 时,同化结果与建筑物之间的图上距离 d_{map} 为 0.1 mm,如图10.24(g)和(h)所示。同化处理结果也较好地体现了同化本质的第三种含义(图2.17(d))。

实验二针对1∶10 000的河流和建筑物及综合后的1∶50 000的河流面目标进行实验,如图10.25所示。按图10.11策略得到两个不同比例尺河流空间目标之差,获得两河流边界不一致区域,如图10.25(a)所示,进一步获得两个不同比例尺河流边界,如图10.25(b)所示。进而,通过 Morphing 变换选取不同的移位距离值 t 获得不同程度的同化结果,如图10.25(c)~(f),显然,当 $t \in [0.4,1.0]$ 时,同化结果都不满足河流与建筑物目标之间"相离"的拓扑关系约束,当 $t \in [0,0.4)$ 时,同化结果满足拓扑"相离"的约束,继而,通过距离关系约束进一步确定移位距离值,当 $t = 0.079$ 时,同化结果与建筑物之间的图上距离 d_{map} 为

0.1 mm,如图 10.25(g)和(h)。同化处理结果也较好地体现了同化本质的第二种含义(图 2.17(c))。

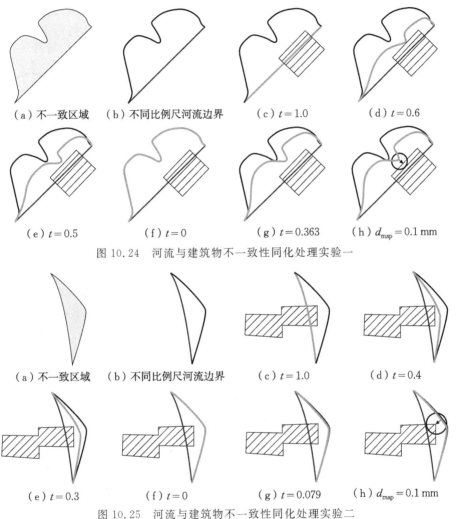

图 10.24　河流与建筑物不一致性同化处理实验一

图 10.25　河流与建筑物不一致性同化处理实验二

2. Delaunay 三角网骨架线中轴化法

如图 10.26(a)～(d)和(e)～(h)所示,分别为 Delaunay 三角网提取骨架线法对上述实验一和实验二中河流与建筑物之间的不一致区域进行处理,通过提取 Delaunay 三角网骨架中轴线作为结果(艾廷华 等,2000)。如图 10.26(d)所示,对于实验一,中轴线与建筑物之间满足拓扑"相离"条件,但两者之间的图上距离 d_{map} 为 0.039 mm(圆圈所示),小于人眼对图上最小距离分辨率(0.1 mm),从肉眼角度来看两者之间为拓扑"相接",即不满足相关规范的最小距离关系约束;如图 10.26(h),

对于实验二,Delaunay 三角网骨架线中轴与建筑物之间的拓扑关系为"相交"(圆圈所示),不满足原较大比例尺地图中河流与建筑物之间"相离"的拓扑关系约束,也不满足相关规范的最小距离关系约束。由此可知,Delaunay 三角网骨架线中轴化法存在明显不足,骨架中轴线与两个不同比例尺河流边界在几何形态上相似度低,也无法有效地处理两个目标之间的不一致性。

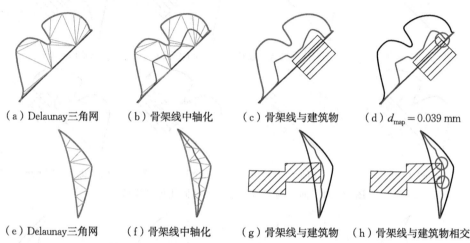

（a）Delaunay三角网　　（b）骨架线中轴化　　（c）骨架线与建筑物　　（d）$d_{map} = 0.039\,mm$

（e）Delaunay三角网　　（f）骨架线中轴化　　（g）骨架线与建筑物　　（h）骨架线与建筑物相交

图 10.26　Delaunay 三角网骨架线中轴化处理结果

通过对不同比例尺地图河流面目标边界与建筑物之间的不一致性同化处理结果的对比可以看出:同化处理后的河流边界与两个不同比例尺河流边界相似度高,在几何形态上较好地兼顾了两种不同比例尺河流边界的特征,即较大比例尺河流边界的弯曲细节和较小比例尺河流边界的综合、概括趋势,处理结果更合理。同时,通过同化处理后的河流边界特征也较明显地体现了同化本质的具体含义。

10.4.5　基于距离关系约束的河流与建筑物之间拓扑不一致性处理实验

本小节利用基于距离关系约束的一致化改进模型对两组不同尺度的河流和建筑物目标进行实验,如图 10.27 所示。对于河段一,图 10.27(a)和(b)分别为综合前后的河流与建筑物面目标,对比可以发现,综合操作导致两处河流与建筑物之间的拓扑冲突,分别为图 10.27(c)中的建筑物 G 与河流 I 和图 10.27(d)中的建筑物 H 与河流 I。

如图 10.28 所示,对于河段二,图 10.28(a)和(b)分别为综合前后的河流与建筑物面目标,对河段二的综合操作共产生四处河流与建筑物之间的拓扑冲突,分别为图 10.28(c)~(f)中的建筑物 J、K、L 和 M 与河流 N 之间的拓扑冲突。

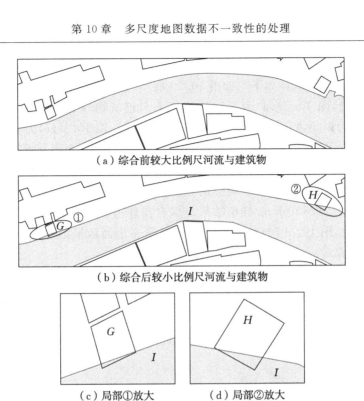

（a）综合前较大比例尺河流与建筑物

（b）综合后较小比例尺河流与建筑物

（c）局部①放大　　　（d）局部②放大

图 10.27　河段一与建筑物之间拓扑冲突

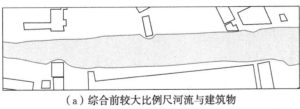

（a）综合前较大比例尺河流与建筑物

（b）综合后较小比例尺河流与建筑物

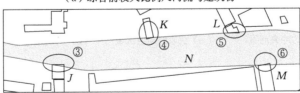

（c）局部③放大　（d）局部④放大　（e）局部⑤放大　（f）局部⑥放大

图 10.28　河段二与建筑物之间拓扑冲突

　　运用 10.3.2 小节所述策略按步骤通过 Morphing 插值法对上述两个河段的六处冲突进行处理,具体如下。如图 10.29 所示(赵彬彬,2015),对于第一个河段局部①的冲突,图 10.29(a)为获取的河流 I 与建筑物 G 之间的拓扑冲突范围;图 10.29(b)为剔除建筑物 G 的 Morphing 插值区域;图 10.29(c)为由插值区域提取的 Morphing 插值边界,即变换起点和终点;图 10.29(d)为顾及距离约束获得的河流边界插值结果(箭头所指实线目标),即插值结果与建筑物之间的最小距离不小于图上 0.1 mm,此插值结果对应的移位距离值为 0.13 mm,如图 10.29(e)所示;图 10.29(f)为 Morphing 插值结果与综合操作前较大比例尺河流边界之间的对照。类似地,图 10.30(赵彬彬,2015)为对第一个河段局部②的冲突的处理过程,该插值结果对应的移位距离值为 0.35 mm。

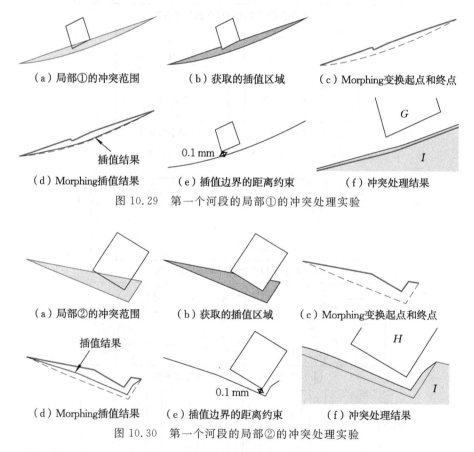

（a）局部①的冲突范围　　　　（b）获取的插值区域　　　　（c）Morphing变换起点和终点

（d）Morphing插值结果　　　　（e）插值边界的距离约束　　　　（f）冲突处理结果

图 10.29　第一个河段的局部①的冲突处理实验

（a）局部②的冲突范围　　　　（b）获取的插值区域　　　　（c）Morphing变换起点和终点

（d）Morphing插值结果　　　　（e）插值边界的距离约束　　　　（f）冲突处理结果

图 10.30　第一个河段的局部②的冲突处理实验

　　针对第二个河段,也按照上述策略和步骤进行实验,如图 10.31 所示(此处仅列出图 10.28(b)中局部③和局部⑤的冲突处理过程及结果,另两处冲突的处理及结果类似),图 10.31(a)为获取的河流 N 与建筑物 J 之间的拓扑冲突范围;

图 10.31(b)为剔除建筑物 J 的 Morphing 插值区域;图 10.31(c)为由插值区域提取的 Morphing 插值边界,即 Morphing 变换的起点和终点;图 10.31(d)为顾及距离约束获得的河流边界插值结果(箭头所指实线目标),即插值结果与建筑物之间的最小距离不小于图上 0.1 mm,此插值结果对应的移位距离值为 0.09 mm,如图 10.31(e)所示;图 10.31(f)为 Morphing 插值结果与综合操作前较大比例尺河流边界之间的对照。类似地,图 10.32 为对第二个河段(图 10.28(b))局部⑤冲突的处理过程,该插值结果对应的移位距离值为 0.12 mm。

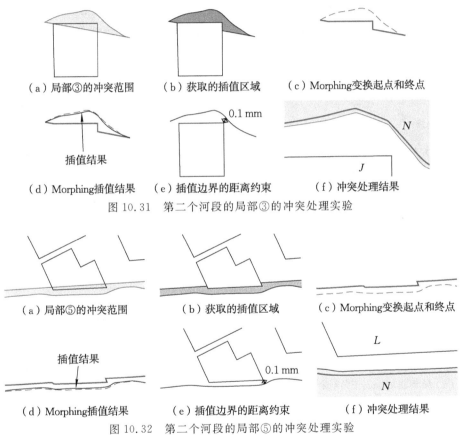

（a）局部③的冲突范围　　（b）获取的插值区域　　（c）Morphing变换起点和终点

插值结果

（d）Morphing插值结果　　（e）插值边界的距离约束　　（f）冲突处理结果

图 10.31　第二个河段的局部③的冲突处理实验

（a）局部⑤的冲突范围　　（b）获取的插值区域　　（c）Morphing变换起点和终点

插值结果

（d）Morphing插值结果　　（e）插值边界的距离约束　　（f）冲突处理结果

图 10.32　第二个河段的局部⑤的冲突处理实验

　　类似地,利用相同的实验数据,将基于距离关系约束的一致化改进模型与 Delaunay 三角剖分骨架中轴线法进行实验比较。图 10.33(a)~(c)和(d)~(f)分别为 Delaunay 三角剖分提取骨架线法对上述河流与建筑物之间的两处冲突区域进行处理,通过提取 Delaunay 三角剖分骨架中轴线作为处理结果。如图 10.33(c)所示,对于局部①的冲突,一方面,三角剖分骨架中轴线虽与建筑物之间拓扑"相离",但两者过度接近,与箭头所指的 Morphing 插值结果比较可见,其与建筑物之间的图上距离已明显小于人眼最小距离分辨率（箭头所示），不满足距离关系约束；另一方面，中轴线出现近乎直角的转折，如图 10.33（c）中圆圈所示，增加了河流边界的细节，与综合操作的概括意图不相符合。对于局部②的冲突，如图 10.33（f）所示，圆圈所示处"尖锐"的中轴线与建筑物之间为拓扑"相接"，拓扑冲突仍未消除。由此可见，三角剖分骨架中轴线法存在与两个不同比例尺河流边界几何形态相似度低，无法有效处理此类拓扑冲突的不足。图 10.34 为运用 Delaunay 三角剖分提取骨架线法对河段二与建筑物之间两处冲突（局部③和局部⑤）的处理结果，也出现上述类似问题。可见，Delaunay 三角剖分骨架中轴线法存在与两个不同比例尺河流边界几何形态相似度低且无法有效处理此类拓扑冲突等不足。

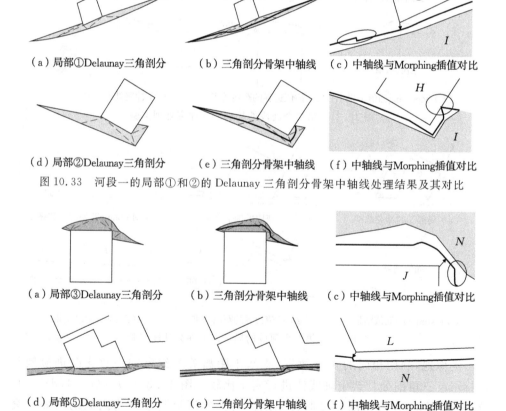

（a）局部①Delaunay三角剖分　　　（b）三角剖分骨架中轴线　　　（c）中轴线与Morphing插值对比

（d）局部②Delaunay三角剖分　　　（e）三角剖分骨架中轴线　　　（f）中轴线与Morphing插值对比

图 10.33　河段一的局部①和②的 Delaunay 三角剖分骨架中轴线处理结果及其对比

（a）局部③Delaunay三角剖分　　　（b）三角剖分骨架中轴线　　　（c）中轴线与Morphing插值对比

（d）局部⑤Delaunay三角剖分　　　（e）三角剖分骨架中轴线　　　（f）中轴线与Morphing插值对比

图 10.34　河段二局部③和⑤的 Delaunay 三角剖分骨架中轴线处理结果及其对比

§10.5　本章小结

　　本章基于空间目标之间的基本拓扑关系、方向关系和距离关系的描述方法及模型,探讨了简单空间关系不一致性的探测问题;进而针对多尺度地图数据空间目标的复杂性,通过基本空间关系的集成描述模型计算地图目标之间的空间关系,继而阐述了基于拓扑链的复杂空间关系集成描述方法进行复杂空间关系不一致性的探测。同时,针对多尺度地图、制图综合过程中空间目标之间的拓扑不一致性,详细阐述了投影法、整体极优对应法、基于距离-拓扑关系约束的一致化模型及其改进模型等方法。

参考文献

艾廷华,郭宝辰,黄亚峰,2005.1:5万地图数据库的计算机综合缩编[J].武汉大学学报(信息科学版),30(4):297-300.

艾廷华,毋河海,2000.相邻多边形共享边界的一致化改正[J].武汉大学学报(信息科学版),25(5):426-432.

安晓亚,孙群,肖强,等,2010.面向地理空间数据更新的数据同化[J].测绘科学技术学报,27(2):153-156.

陈佳丽,易宝林,任艳,2007.基于对象匹配方法的多重表达中的一致性处理[J].武汉大学学报(工学版),40(3):115-119.

陈军,2002.论数字化地理空间基础框架的建设与应用[J].测绘工程,11(2):1-6.

陈军,胡云岗,赵仁亮,等,2007a.道路数据缩编更新的自动综合方法研究[J].武汉大学学报(信息科学版),32(11):1022-1027.

陈军,李志林,蒋捷,等,2004.基础地理数据库的持续更新问题[J].地理信息世界,2(5):1-5.

陈军,刘万增,李志林,等,2006.线目标间拓扑关系的细化计算方法[J].测绘学报,35(3):255-260.

陈军,赵仁亮,1999.GIS空间关系的基本问题与研究进展[J].测绘学报,28(2):95-102.

陈军,赵仁亮,王东华,2007b.基础地理信息动态更新技术体系初探[J].地理信息世界,5(5):4-9.

陈凌,强保华,余建桥,等,2006.一种基于BP神经网络的实体匹配方法[J].计算机应用研究,(12):38-40.

陈荣元,刘国英,王雷光,等,2009.基于数据同化的全色和多光谱遥感影像融合[J].武汉大学学报(信息科学版),34(8):919-922.

陈玉敏,龚健雅,史文中,2007.多尺度道路网的距离匹配算法[J].测绘学报,36(1):84-90.

邓敏,李志林,李永礼,2007.GIS线目标间拓扑关系描述的层次方法[J].遥感学报,11(3):311-317.

邓敏,刘文宝,冯学智,2005.GIS中地理边线不一致性的处理[J].遥感学报,9(4):343-348.

邓敏,马杭英,2008.线与面目标间拓扑关系的层次表达方法[J].测绘学报,37(4):507-513.

邓敏,徐锐,赵彬彬,等,2010.基于结构化空间关系信息的结点层次匹配方法[J].武汉大学学报(信息科学版),35(8):913-916.

杜培军,柳思聪,2012.融合多特征的遥感影像变化检测[J].遥感学报,16(4):663-677.

段进,1999.关于我国城市规划体系结构的思考[J].规划师,15(4):13-18.

费立凡,2004.用计算机模拟人类制图员解决地图缩编中的图形冲突[J].武汉大学学报(信息科学版),29(5):426-432.

高俊,龚建华,鲁学军,等,2008.地理信息科学的空间认知研究[J].遥感学报,12(2):338.

谷凯,2001.城市形态的理论与方法——探索全面与理性的研究框架[J].城市规划,25(12):36-42.

郭达志,范爱民,2001.基于信息论的 GIS 空间数据质量评价[J].中国矿业大学学报(自然科学版),30(3):221-224.

郭达志,方涛,杜培军,等,2003.论复杂系统研究的等级结构与尺度推绎[J].中国矿业大学学报,23(3):213-217.

郭庆胜,杜晓初,刘浩,2005.空间拓扑关系定量描述与抽象方法研究[J].测绘学报,34(2):123-128.

郝燕玲,2008.基于空间相似性的面实体匹配算法研究[J].测绘学报,37(4):204-209.

胡云岗,2007.GIS 中道路数据缩编更新方法研究[D].北京:中国矿业大学.

胡云岗,陈军,赵仁亮,等,2010.地图数据缩编更新中道路数据匹配方法[J].武汉大学学报(信息科学版),35(4):451-456.

简灿良,2013.多比例尺地图数据不一致性探测与处理方法研究[D].武汉:武汉大学.

简灿良,赵彬彬,邓敏,等,2013.地理空间数据不一致性探测处理方法研究[J].计算机工程与应用,49(10):154-159.

蒋捷,陈军,2000.基础地理信息数据库更新的若干思考[J].测绘通报(5):1-3.

李德仁,龚健雅,张乔平,2004.论地图数据库合并技术[J].测绘科学,29(1):1-4.

李志林,2005.地理空间数据处理的尺度理论[J].地理信息世界,3(2):1-5.

刘东琴,苏山舞,2005.多空间数据库位置匹配方法及其应用[J].测绘科学,30(2):78-80.

刘泉菲,赵彬彬,周凯,2018.基于分形维数的多尺度面目标匹配对相似性度量[J].长沙理工大学学报(自然科学版),15(3):1-7.

刘万增,陈军,邓喀中,等,2008.数据库更新中河流与山谷线一致性检测[J].中国图象图形学报,13(5):1003-1006.

刘文宝,夏宗国,崔先国,2001.GIS 结点捕捉的广义算法及误差传播模型[J].测绘学报,30(2):140-147.

鲁伟,谢顺平,邓敏,等,2009.多源空间数据间不一致性研究现状及其进展[J].测绘科学,34(4):57-60.

强保华,吴中福,余建桥,等,2005.基于属性信息熵的实体匹配方法研究[J].计算机工程,31(21):31-33.

任艳,易宝林,陈佳丽,2007.基于规则的空间一致性维护[J].计算机工程,33(19):93-95.

史文中,2005.空间数据与空间分析不确定性原理[M].北京:科学出版社.

宋振,2010.自动制图综合中空间冲突检测研究[D].郑州:信息工程大学.

谭志国,孙即祥,2007.基于点空间特征的两种点匹配算法[J].模式识别与人工智能,20(3):325-330.

唐远彬,张丰,刘仁义,等,2011.一种维护线状地物基本单元属性逻辑一致性的平差方法[J].武汉大学学报(自然科学版),36(7):853-856.

童小华,邓愫愫,史文中,2007.基于概率的地图实体匹配方法[J].测绘学报,36(2):210-217.

万玉发,陈少林,罗建国,等,1990.雷达和卫星图象的坐标同化及其实现[J].南京气象学院学报,13(4):638-643.

王家耀,2010.地图制图学与地理信息工程学科发展趋势[J].测绘学报,39(2):115-119,128.

王家耀,钱海忠,2006.制图综合知识及其应用[J].武汉大学学报(信息科学版),31(5):382-386.

王强,曹辉,2010.数字地形图中河流线与谷底线空间冲突自动检测及纠正[J].测绘通报(12):58-61.

王育红,2011.空间数据集成及冲突消解方法综述[J].测绘科学,36(2):81-83.

王跃山,1999.数据同化——它的缘起、含义和主要方法[J].海洋预报,18(1):11-20.

邬伦,张毅,2002.分布式多空间数据库系统的集成技术[J].地理学与国土研究,18(1):6-10.

吴建华,傅仲良,2008.数据更新中要素变化检测与匹配方法[J].计算机应用,28(6):1612-1615.

徐枫,邓敏,赵彬彬,等,2009.空间目标匹配方法的应用分析[J].地球信息科学学报,11(5):657-663.

徐文祥,2011.基于空间特征码的矢量要素变化检测研究[D].南京:南京师范大学.

应申,李霖,刘万增,等,2009.版本数据库中基于目标匹配的变化信息提取与数据更新[J].武汉大学学报(信息科学版),34(6):752-755.

于家城,陈家斌,晏磊,等,2007.图像匹配在海底地图匹配中的应用[J].北京大学学报(自然科学版),43(6):733-737.

喻永平,陈晓勇,刘经南,等,2008.基于数学形态学的土地利用动态可视化[J].大地测量与地球动力学,1(1):105-108.

翟仁健,2011.基于全局一致性评价的多尺度矢量空间数据匹配方法研究[D].郑州:信息工程大学.

詹陈胜,武芳,翟仁健,等,2011.基于拓扑一致性的线目标空间冲突检测方法[J].测绘科学技术学报,28(5):387-390.

张保钢,袁燕岩,2005.城市大比例尺地形图数据库中地物变化的自动发现[J].武汉大学学报(信息科学版),30(7):640-642.

张传明,潘懋,吴焕萍,等,2007.保持拓扑一致性的等高线化简算法研究[J].北京大学学报(自然科学版),43(2):216-222.

张明波,陆锋,申排伟,等,2005.R树家族的演变和发展[J].计算机学报,28(3):289-300.

张桥平,李德仁,龚健雅,2001.地图合并技术[J].测绘通报(7):6-8.

张桥平,李德仁,龚健雅,2004.城市地图数据库面实体匹配技术[J].遥感学报,8(2):107-112.

张求喜,岳淑英,胡克新,2010.基于MapX的道路线状数据拓扑不一致性自动检测[J].地理信息世界,10(5):81-84.

章莉萍,郭庆胜,孙艳,2008.相邻比例尺地形图之间居民地要素匹配方法研究[J].武汉大学学报(信息科学版),33(6):604-607.

赵彬彬,2005.基于GIS的校园公共用房管理系统的设计与实现[D].长沙:中南大学.

赵彬彬,2011.多尺度矢量地图空间目标匹配方法及其应用研究[D].长沙:中南大学.

赵彬彬,2014.多尺度地图数据不一致性探测处理方法研究[R].长沙:中南大学.

赵彬彬,2015.制图综合中河流与建筑物拓扑冲突处理方法[J].计算机工程与应用,51(19):8-12,49.

赵彬彬,邓敏,李志林,2009.GIS空间数据层次表达的方法探讨[J].武汉大学学报(信息科学版),34(7):859-863.

赵彬彬,邓敏,彭东亮,等,2016a.基于整体极优对应的不同比例尺线目标一致化处理方法[J].武汉大学学报(信息科学版),41(8):1046-1054.

赵彬彬,彭东亮,张山山,等,2016b.顾及空间关系约束的不同比例尺面目标不一致性同化处理[J].武汉大学学报(信息科学版),41(7):911-917.

赵彬彬,周凯,刘泉菲,等,2018.面/面目标之间拓扑关系的判定规则及其实现[J].长沙理工大学学报(自然科学版),2018,15(2):1-7.

赵东保,盛业华,2008.一种基于等高线树和 Strip 树的等高线拓扑一致性化简算法[J].测绘科学,33(4):91-93.

赵东保,盛业华,2010.全局寻优的矢量道路网自动匹配方法研究[J].测绘学报,39(4):416-421.

钟鸣,廖晓峰,周庆,2008.一种基于四叉树的空域图像选择加密算法[J].计算机工程,34(18):174-176.

钟义信,2002.信息科学原理[M].北京:北京邮电大学出版社.

周晓光,陈军,2009.基于变化映射的时空数据动态操作[J].遥感学报,13(4):653-658.

朱华吉,2006.地形数据增量信息分类与表达研究[D].北京:中国科学院研究生院.

ABEL D J,SMITH J L,1983. A data structure and algorithm based on a linear key for a rectangle retrieval problem[J]. International Journal of Computer Vision,Graphics,and Image Processing,24(1):1-13.

AHN H K,MAMOULIS N,WONG H M,2001. A survey on multidimensional access methods[R]. Utrecht:Utrecht University.

AI T,YANG M,ZHANG X,2014. Detection and correction of inconsistencies between river networks and contour data by spatial constraint knowledge[J]. Cartography and Geographic Information Science,42(1):79-93.

AMIT Y,GEMAN D,FAN X,2004. A coarse-to-fine strategy for multi-class shape detection[J]. IEEE Transactions on Pattern Analysis and Machine Intelligence,26(12):1606-1621.

ANDERS K H,BOBRICH J,2004. MRDB approach for automatic incremental update[C/OL]//ICA Workshop on Generalization and Multiple Representation. Leicester [2004-08-06]. https://kartographie. geo. tu-dresden. de/downloads/ica-gen/workshop2004/Anders-v1-ICAWorkshop. pdf.

BAAS N,1992. Emergence,hierarchies,and hyperstructures[C]//LANGTON C G. Artificial Life Ⅲ,volume ⅩⅦ of Studies in the Sciences of Complexity. Redwood City:Addison-Wesley:515-537.

BADARD T,1999. On the automatic retrieval of updates in geographic databases based on geographic data matching tools[C]//Proceedings of the 19th International Cartographic Conference,Ottawa:[s. n.]:47-56.

BADER M,WEIBEL R,1997. Detecting and resolving size and proximity conflicts in the generalization of polygonal maps[C]//Proceedings 18th International Cartographic Conference. Stockholm:[s. n.]:1525-1532.

BARROW H G,TENEEBAUM J M,BOLLES R C,et al,1977. Parametric correspondence and chamfer matching:two new techniques for image matching[C]//Proceedings of the 5th

International Joint Conference on Artificial Intelligence. Cambridge:[s. n.]:659-663.

BEERI C, KANZA Y, SAFRA E, et al, 2004. Object fusion in geographic information systems[C]//Proceedings of the 30th VLDB Conference. Toronto:[s. n.]:816-827.

BENTLEY J L, 1975. Multidimensional binary search trees used for associative searching[J]. Comm ACM,18(9):509-517.

BERRY B, 1964. Cities as systems within systems of cities[J]. Papers in Regional Science, 13 (1):146-163.

BJØRKE J T, 1996. Framework for entropy-based map evaluation [J]. Cartography and Geographical Information Systems,23(2):78-95.

BORGEFORS G, 1988. Hierarchical chamfer matching: a parametric edge matching algorithm[J]. IEEE Transactions on Pattern Analysis and Machine Intelligence, 10 (6): 849-865.

BRACE L C, 2005. "Neutral theory" and the dynamics of the evolution of "modern" human morphology[J]. Human Evolution,20(1):19-38.

BRIGGS R, 1973. Urban cognitive distance[M]// Image & Environment:Cognitive Mapping and Spatial Behavior. New Brunswick: AldineTransaction: 361-388.

BRISABOA N R, LUACES M R, RODRÍGUE M A, et al, 2014. An inconsistency measure of spatial data sets with respect to topological constraints [J]. International Journal of Geographical Information Science,28(1):56-82.

CANTOR G, 1883. Über unendliche, lineare Punktmannigfaltigkeiten (On infinite, linear point-manifolds) [J]. Mathematische Annalen,21(5):545-591.

CAR A, 1997. Hierarchical spatial reasoning: theoretical consideration and its application to modeling wayfinding[D]. Vienna: Technical University.

CHEN J, COHN AG, LIU D, et al, 2013. A survey of qualitative spatial representations[J]. Knowledge Engineering Review,30(1):106-136.

CHEN J, LI C M, LI Z L, et al, 1997. Improving 9-intersection model by replacing the complement with Voronoi region[C]//Proceedings of International Workshop on Dynamic of Multi-dimensional GISs. Hong Kong:[s. n.]:36-48.

CHEN J,LI C M,LI Z L, 2001. A Voronoi-based 9-intersection model for spatial relations[J]. International Journal of Geographical Information Science,15(3):201-220.

CHEN J,LIU W,LI Z L, et al,2007. Detection of spatial conflicts between rivers and contours in digital map updating[J]. International Journal of Geographical Information Science, 21 (10): 1093-1114.

CHEN J, ZHAO R L, LI Z L, 2004. Voronoi-based K-order neighbour relations for spatial analysis[J]. ISPRS Journal of Photogrammetry and Remote Sensing,59(1-2):60-72.

CHEN X Y, DOIHARA T, NASU M, 1995. Spatial relations of distance between arbitrary objects in 2D/3D geographic spaces based on the Hausdorff metric [C]//LIESMARS'95. Wuhan:[s. n.]:30-40.

CHRISTALLER W,1933. Central Places in southern Germany[M]. New Jersey:Prentice Hall.

CLARAMUNT C, THÉRIAULT M, 1995. Managing time in GIS: an event-oriented approach[C]// CLIFFORD J, TUZHILIN A. Recent Advances on Temporal Databases, Proceedings of the International Workshop on Temporal Databases. Zurich:Springer-Verlag: 23-42.

CLEMENTINI E, FELICE P D,1995. A comparison of methods for representing topological relationships[J]. Information Sciences, Applications,3(3):149-178.

CLEMENTINI E, FELICE P D,1998. Topological invariants for lines[J]. IEEE Transactions on Knowledge and Data Engineering,10(1):38-54.

COBB A M,CHUNG M J,FOLEY H,et al,1998. A rule-based approach for the conflation of attributed vector data[J]. GeoInformatica,2(1):7-35.

CORCORAN P, MOONEY P, WINSTANLEY A, 2011. Planar and non-planar topologically consistent vector map simplification[J]. International Journal of Geographical Information Science,25(10):1659-1680.

COROS S,NI J,MATSAKIS P,2006. Object localization based on directional information:case of 2D vector data[C]//Proceedings of the 14th Annual ACM International Symposium on Advances in Geographic Information Systems. Virginia:[s. n.]:163-170.

CUI Z,COHN A G,RANDELL A,1993. A qualitative and topological relationships in spatial databases in design and implementation of large spatial databases[C]// The 3rd International Symposium,SSd'93,LNCS 692. Pisa:Springer-Verlag:396-415.

DANGERMOND J, 1990. How to cope with geographical information systems in your organization[M]//Geographical Information Systems for Urban and Regional Planning. Dordrecht: Kluwer Academic Publishers:203-211.

DENG M, CHEN X Y, LIU W B, et al, 2003. Modeling error propagation for spatial consistency[J]. Journal of Geospatial Engineering,5(2):51-60.

DETTORI G,PUPPO E,1996. How to generalization interacts with the topological and metric structure of maps[C]//Proceedings of 7th International Symposium on Spatial Data Handling. Delft:Taylor and Francis:27-38.

DEVOGELE T,PARENT C,SPACCAPIETRA S, 1998. On spatial database integration[J]. International Journal of Geographical Information Science,12(4):335-352.

DU S H,GUO L,WANG Q,2010. A scale-explicit model for checking directional consistency in multi-resolution spatial data[J]. International Journal of Geographical Information Science,24 (3):465-485.

DU S H,QIN Q M,WANG Q,et al,2008. Evaluating structural and topological consistency of complex regions with broad boundaries in multi-resolution spatial databases[J]. Information Sciences,178(1):52-68.

DUCKHAM M,WORBOY F,2005. An algebraic approach to automated information fusion[J]. International Journal of Geographical Information Science,19(5):537-557.

EGENHOFER M J, CLEMENTINI E, 1994. Evaluating inconsistencies among multiple representations[C]//Proceedings of the 6th International Symposium on Spatial Data Handling. Edinburgh:[s. n.]:901-920.

EGENHOFER M J, FRANZOSA R, 1991a. Point-set topological spatial relations[J]. International Journal of Geographical Information Systems,5(2):161-174.

EGENHOFER M J, HERRING J,1991b. Categorizing binary topological relationships between regions,lines and points in geographic databases[M]//A Framework for the Definition of Topological Relationships and An Approach to Spatial Reasoning within This Framework. Santa Barbara:[s. n.]:1-28.

EGENHOFER M J, SHARMA J,1993. Assessing the consistency of complete and incomplete topological information[J]. Journal of Geographical Systems,1(1):47-68.

EGENHOFER M J,1994. Pre-processing queries with spatial constraints[J]. Photogrammtric Engineering & Remote Sensing,60(6):783-790.

EGENHOFER M J,1997. Query processing in spatial-query-by sketch[J]. Journal of Visual Languages and Computing,8(4):403-424.

FLORIANI De L,PUPPO E,1992. A hierarchical triangle-based model for terrain description[C]//Theories and Methods of Spatio-Temporal Reasoning in Geographic Space,International Conference GIS—From Space to Territory: Theories and Methods of Spatio-Temporal Reasoning. Pisa:[s. n.]:236-251.

FRANK A,TIMPF S,1994. Multiple representations for cartographic objects in a multi-scale tree—an intelligent graphical zoom[J]. Computers and Graphics,Special Issue on Modelling and Visualization of Spatial Data in GIS,18(6):823-829.

FREKSA C,VEN J V D,WOLTER D,2018. Formal representation of qualitative direction[J]. International Journal of Geographical Information Science,32(1):1-21.

FRITSCH D,1999. GIS data revision-visions and reality,key-note speech[C]//Proceedings of ISPRS Commission Workshop on Dynamic and Multi-dimensional GIS. Beijing:NGCC:26-31.

GABAY Y,DOYTSHER Y,1994. Adjustment of line maps[C]//GIS/LIS Proceedings'94, Phoenix:[s. n.]:191-199.

GADISH D A,2001. Inconsistency detection and adjustment of spatial data using rule discovery[D]. Guelph: University of Guelph.

GATRELL A,1983. Distance and space:a geographical perspective[M]. Oxford and New York: Clarendon Press.

GAVRILA D M, 1998. Multi-feature hierarchical template matching using distance transforms[C]//Proceedings of IEEE International Conference on Pattern Recognition, Brisbane:[s. n.]:439-444.

GAVRILA D M,2007. A Bayesian,exemplar-based approach to hierarchical shape matching[J]. IEEE Transactions on Pattern Analysis and Machine Intelligence,29(8):1-14.

GHAWANA T, 2011. Data consistency checks for building of 3D model: a case study of

Technical University, Delft Campus, the Netherlands[EB/OL]. (2010-12-27)[2018-7-26] http://www.gdmc.nl/publications/2010/Data_consistency_checks_3D_model.pdf.

GOMBOSI M, ZALIK B, KRIVOGRAD S, 2003. Comparing two sets of polygons[J]. International Journal of Geographical Information Science,17(5):431-443.

GONG P,MU L,2000. Error detection in map databases:a consistency checking approach[J]. Geographic Information Sciences,6(2):188-193.

GOODCHILD M F, 1978. Statistical aspects of the polygon overlay problem[M]//Harvard Papers on Geographic Information System. Reading, MA: Addison-Wesley Publishing Company: 1-29.

GOODCHILD M F,1996. Conflation:combining geographical information[EB/OL]. (1996-2-28) [2019-6-24]http://www.ncgia.ucsb.edu/research/ucgis/proposal.html.

GOODCHILD M F, HUNTER G, 1997. A simple positional accuracy measure for linear features[J]. International Journal of Geographical Information Science,11(3):297-306.

GOODCHILD M F,SHIREN Y,1992. A hierarchical spatial data structure for global geographic information systems[J]. Graphical Models and Image Processing,54(1):31-44.

HARVEY F, 1994. Defining unmovable nodes/segments as part of vector overlay[M]// Advances in GIS Research. London: Taylor and Francis: 159-176.

HIRTLE S C,1995. Representational structures for cognitive space:trees,ordered trees and semi-lattices[C]//Spatial Information Theory:A Theoretical Basis for GIS(COSIT'95). Berlin, Heidelberg, New York:Springer-Verlag:327-340,988.

HONG J H,1996. Qualitative distance and direction reasoning in geographic space[D]. Orono: University of Maine.

HORNSBY K,EGENHOFER M,2000. Identity-based change:a foundation for spatio-temporal knowledge representation[J]. International Journal of Geographical Information Science, 14 (3):207-224.

HOUSTON J P,BEE H,RIMM D C,1983. Invitation to psychology[M]. Upper Saddle River: prentice hall.

HUH Y,YU K,HEO J,2011. Detecting conjugate-point pairs for map alignment between two polygon datasets[J]. Computers,Environment and Urban Systems,35(3):250-262.

HUTTENLOCHER D P,KLANDERMAN G A,RUCKLIDGE W J,1993. Comparing images using the hausdorff distance[J]. IEEE Transactions on Pattern Analysis and Machine Intelligence,15(9):850-863.

JONES C B, KIDNER D B, LUO L Q, et al,1996. Database design for a multi-scale spatial information system[J]. International Journal of Geographical Information Systems,10(8):901-920.

KAINZ W, 1995. Logical consistency[M]//Elements of Spatial Data Quality. New York: Elsevier:139-151.

KANG H K, LI K J, 2005. Assessing topological consistency for collapse operation in generalization of spatial databases[J]. Lecture Notes in Computer Science(3770):249-258.

KIELER B, HUANG W, HAUNERT J, et al, 2009. Matching river datasets of different scales[C]//Advances in Geoscience:Proceedings of the 12th Agile Conference (Lecture Notes in Geoinformation and Cartography). Berlin :Springer Press,135-154.

KIELER B,SESTER M,WANG H, et al, 2007. Semantic data integration: data of similar and different scales[J]. Photogrammetrie-Fernerkundung-Geoinformation(PFG)(6):447-457.

KITTO K,2002. Dynamical hierarchies in fundamental physics[C]//Workshop Proceedings of the 8th International Conference on the Simulation and Synthesis of Living Systems (ALife Ⅷ). Sydney:University of New South Wales: 55-62.

KOESTLER A,1968. The ghost in the machine[M]. Zürich:Verlag Fritz Molden.

LANGACKER R W,1987. Foundations of cognitive grammar, Vol. 1:Theoretical Prerequisites[M]. Stanford:Stanford University Press.

LEE J,2004. A spatial access-oriented implementation of a 3-D GIS topological data model for urban entities[J]. GeoInformatica,8(3):235-262.

LEMARIE C, RAYNAL L, 1996. Geographic data matching: first investigations for a generic tool[C]//Proceedings of The GIS/LIS'96 Annual Convention,Denver:[s. n.]:333-341.

LI X,ZHANG Y H,LIU X P, et al,2012. Assimilating process context information of cellular automata into change detection for monitoring land use changes[J]. International Journal of Geographical Information Science,26(9):1667-1687.

LIZ L,2007. Algorithmic foundation of multi-scale spatial representation[M]. Bacon Raton:CRC Press(Taylor & Francis Group):280.

LI Z L, HUANG P Z, 2002a. Quantitative measures for spatial information of maps [J]. International Journal of Geographical Information Science,16(7):699-709.

LI Z L,LI Y L,CHEN Y Q,2000. Basic topological models for spatial entities in 3-dimensional space[J]. GeoInformatica,4(4):419-433.

LI Z L,XU Z,CHEN M Y,et al,2001. Robust surface matching for automated detection of local deformations using least median of squares estimator[J]. Photogrammetric Engineering & Remote Sensing,67(11):1283-1292.

LI Z L,ZHAO R L,CHEN J,2002b. A voronoi-based spatial algebra for spatial relations[J]. Progress in Natural Science,12(7):528-536.

LI Z,YAN H,AI T,et al,2004. Automated building generalization based on urban morphology and gestalt theory[J]. International Journal of Geographical Information Science, 18 (5): 513-534.

LIN H, GONG W, 2017. Gradually morphing a thematic map series based on cellular automata[J]. International Journal of Geographical Information Science,32(1):102-119.

LIU W Z,CHEN J,ZHAO R,et al,2005. A refined line-line spatial relationship model for spatial conflict detection[C]//The 24th International Conference on Conceptual Modeling. Berlin: Springer-Verlag:239-248.

LIU X, SHEKHAR S, 2003. Object-based directional query processing in spatial databases[J]. IEEE Transactions on Knowledge and Data Engineering, 15(2): 295-304.

LIU X, SHEKHAR S, CHAWLA S, 2000. Consistency checking for Euclidean spatial constraints: a dimension graph approach[C]//The 12th IEEE International Conference on Tools with Artificial Intelligence. Vancouver, BC: [s. n.]: 333-342.

LIU Y, GUO Q, SUN Y, et al, 2014. A combined approach to cartographic displacement for buildings based on skeleton and improved elastic beam[J]. Plos One, 9(12): 1-26.

MALONE T W, YATES J, BENJAMIN R I, 1987. Electronic markets and electronic hierarchies[J]. Communications of the ACM, 30(6): 484-497.

MANTEL D, LIPECK U, 2004. Matching cartographic objects in spatial databases[C]//ISPRS Vol. 35, Commission 4. Istanbul: [s. n.]: 1-5.

MARAS S S, MARAS H H, AKTUG B, et al, 2010. Topological error correction of GIS vector data[J]. International Journal of the Physical Sciences, 5(5): 476-483.

MASLOW A H, 1943. A theory of human motivation[M]. Eastford: Martino Fine Books.

MASUYAMA A, 2006. Methods for detecting apparent differences between spatial tessellations at different time points[J]. International Journal of Geographical Information Science, 20(6): 633-648.

MAYER B, RASMUSSEN S, 1998. Self-reproduction of dynamical hierarchies in a chemical system[J]. Artificial life(6): 123-139.

MCALPINE J R, COOK B G, 1971. Data reliability from map overlay[C]//Proceedings, Australian and New Zealand Association for the Advancement of Science, 43rd Congress. Brisbane: Section 21-Geographical Sciences.

MIKHAIL E, 1976. Observations and least squares[M]. New York: A Dun-Donnelley Publisher.

MUSTIÈRE S, 2006. Results of experiments on automated matching of networks at different scales[J]. International Archives of Photogrammetry, Remote Sensing and Spatial Information Sciences, 36(Part 2/W40): 92-100.

NEDAS K, EGENHOFER M, 2004. Splitting ratios: metric details of topological line-line relations[C]//The 17th International FLAIRS Conference. Miami Beach: [s. n.]: 795-800.

NEUMANN J, 1994. The topological information content of a map: an attempt at a rehabilitation of information theory in cartography[J]. Cartography, 31(1): 26-34.

NÖLLENBURG M, MERRICK D, WOLFF A, et al, 2008. Morphing polylines: a step towards continuous generalization[J]. Computers, Environment and Urban Systems, 32: 248-260.

PAPADIAS D, 1994. Relation-based representation of spatial knowledge[D]. Attica: National Technical University of Athens.

PATRICIOS N N, 2002. Urban design principles of the original neighbourhood concepts[J]. Urban Morphology, 6(1): 21-32.

PATTEE H, 1973. Hierarchy theory[M]. New York: Braziller.

PERKAL J, 1956. On epsilon length[J]. Bulletin de l'Academic Polonaise des Sciences(4):

399-403.

PULLAR D, 1993. Consequences of using a tolerance paradigm in spatial overlay [C]// Proceedings of Auto-Carto Conference (ACSM-ASPRS). [S. l.]: ASPRS American Society for Photogrammetry:288-296.

RABIER F, 2005. Overview of global data assimilation developments in numerical weather-prediction centres[J]. Quarterly Journal of the Royal Meteorological Society, 131(613): 3215-3233.

RANDELL D,CUI Z, COHN A, 1992. A spatial logic based on regions and connection[C]// Proceedings of the 3rd International Conference on Knowledge Representation and Reasoning. Boston:[s. n.]:165-176.

RASMUSSEN S, BAAS N, MAYER B, et al, 2001. Ansatz for dynamical hierarchies [J]. Artificial Life,7(4):329-353.

RAZA A, KAINZ W, 2002. An object-oriented approach for modeling urban land-use changes[J]. URISA Journal,14(1):37-55.

RENOLEN A, 2000. Modelling the real world-conceptual modelling in spatiotemporal information system design[J]. Transactions in GIS,4(1):23-42.

RETZ-SCHMIDT G,1988. Various views on spatial prepositions[J]. AI Magazine,9(2):95-105.

RODRÍGUEZ A,2005. Inconsistency issues in spatial databases[J]. Lecture Notes in Computer Science(3300):237-269.

RODRÍGUEZM A, EGENHOFER M J, 2003. Determining semantic similarity among entity classes from different ontologies[J]. IEEE Transactions on Knowledge and Data Engineering, 15(2):442-456.

ROSGEN D,1996. Applied river morphology[M]. Pagosa Springs:Wildland Hydrology.

SAALFELD A, 1988. Conflation: automated map compilation [J]. International Journal of Geographical Information Systems,2(3):217-228.

SAMAL A,SETH S C,CUETO K,2004. A feature-based approach to conflation of geospatial sources[J]. International Journal of Geographical Information Science,18(5):459-489.

SAMET J,1989. The design and analysis of spatial data structures[M]. Upper Saddle River: Addison Wesley.

SCHLIEDER C,1995. Reasoning about ordering[C]//Spatial Information Theory:A Theoretical Basis for GIS,(COSIT'95). Berlin: Springer-Verlag:341-349.

SERVIGNE S, UBEDAT, PURICELLIA, et al, 2000. A methodology for spatial consistency improvement of geographic databases[J]. Geoinformatica,4(1):7-34.

SESTER M,ANDERS K H,WALTER W,1998. Linking objects of different spatial data sets by integration and aggregation[J]. GeoInformatica,2(4):335-358.

SHEEREN D, MUSTIERE S, ZUCKER J D, 2009. A data-mining approach for assessing consistency between multiple representations in spatial databases[J]. International Journal of Geographical Information Science,23(8):961-992.

SHEN D G,DAVATZIKOS C,2002. HAMMER:hierarchical attribute matching mechanism for elastic registration[J]. IEEE Transactions on Medical Imaging,21(11):1421-1439.

SIMON H A,1973. Hierarchy theory[M]. New York:Braziller Press.

SINGH A,1989. Digital change detection techniques using remotely-sensed data[J]. International Journal of Remote Sensing,10(6):989-1003.

STEFANI C,2008. Reasoning about space-time changes:an approach for modelling the temporal dimension in architectural heritage[C]//Proceedings of the IADIS International Conference. [S. l.]:Social Science Electronic Publishing:287-292.

STIGMAR H,2005. Matching route data and topographic data in a real-time environment[C]// Proceedings of the 10th Scandinavian Research Conference on Geographical Information Science. Stockholm:[s. n.]:13-15.

SUKHOV V I,1970. Application of information theory in generalization of map contents[J]. International Yearbook of Cartography,10(1):41-47.

TAMMINEN M,1982. Efficient spatial access to a database[C]//Proceedings of the ACM SIGMOD International Conference on Management of Data. Orlando:ACM:200-206.

TIMPF S,1997. Hierarchical structures in map series[D]. Vienna:Technical University.

TIMPF S,FRANK A U,1997. Using hierarchical spatial data structures for hierarchical spatial reasoning[C]//Spatial Information Theory:A Theoretical Basis for GIS (COSIT'97). Berlin, Heidelberg:Springer-Verlag:69-83.

TIMPF S,VOLTA G S,POLLOCK D W,et al,1992. A conceptual model of wayfinding using multiple levels of abstractions[C]//Theories and Methods of Spatio-Temporal Reasoning in Geographic Space. Heidelberg, Berlin:Springer-Verlag:348-367.

TODOROVIC S,AHUJA N,2008. Region-based hierarchical image matching[J]. International Journal of Computer Vision,78(1):47-66.

TRYFONA N,EGENHOFER M,1997. Consistency among parts and aggregates:a computational model[J]. Transactions in GIS,1(3):189-206.

UBEDA T,EGENHOFER M J,1997. Topological error correcting in GIS[C]//Advances in Spatial Databases SSD'97. Berlin:Springer:281-297.

UITERMARK H T,OOSTEROM VAN P J M,MARS N J I,et al,1998. Propagating updates: finding corresponding objects in a multi-source environment[C]//Proceedings of the 8th SDH. Vanconrer:International Geographical Union:580-591.

VALERIE A H L, ALLEN T F H, 1996. Hierarchy theory, a vision, vocabulary and epistemology[M]. Columbia:Columbia University Press.

VIEU L A,1993. Logical framework for reasoning about space[C]//Spatial Information Theory: A theoretical basis of GIS(COSIT'93). Berlin, Heidelberg:Springer-Verlag:25-35.

VOLZ S,2006. An iterative approach for matching multiple representations of street data[J]. International Archives of Photogrammetry, Remote Sensing and Spatial Information Sciences, 36(Part 2/W40):101-110.

WALTER V, FRITSH D, 1999. Matching spatial data sets: a statistical approach[J]. International Journal of Geographical Information Science,13(5):445-473.

WILMSEN D, 2006. Derivation of change from sequences of snapshots[D]. Maine: The University of Maine.

WINTER S,2000. Uncertain topological relation between imprecision regions[J]. International Journal of Geographical Information Science,14(5):411-430.

WOLBERG G,1998. Image morphing:a survey[J]. The Visual Computer,14(8-9):360-372.

WU H Y,ZHU H J,LIU Y,2004. A raster-based map information measurement for QoS[C]// Proceedings of the 20th ISPRS Congress. Istanbul: ISPRS: 365-370.

YE X,KROHN R L,LIUM W,et al,1999. The cytotoxic effects of a novel IH636 grape seed proanthocyanidin extract on cultured human cancer cells[M]//Stress Adaptation, Prophylaxis and Treatment. Boston:Springer: 99-108.

ZHANG M,MENG L,2007. An iterative road-matching approach for the integration of postal data[J]. Computers,Environment and Urban Systems,31(5):597-615.

ZHANG M,SHI W,MENG L,2005. A generic matching algorithm for line networks of different resolutions[C]//Proceedings of the 8th ICA Workgroup on Generalization and Multiple Representation. La Coruna:ICA: 101-110.

ZHANG Z,1994. Iterative point matching for registration of free-form curves and surfaces[J]. International Journal of Computer Visions,13(2):119-152.

ZHAO B B, PENG D L, HU S X, et al, 2015. A practical technique to solve settlements overlapping roads problem in map generalization[C]// Proceedings of the 23rd International Conference on Geoinformatics. Wuhan:[s. n.]:1-7.

ZHAO B,DENG M,WANG X,et al,2014. Research on change classification description and identification of corresponding area objects in multi-scale maps[C]//International Conference on Geoinformatics. Kaohsiung:[s. n.]:1-7.

ZHAO D Q,SU F,CAI A N,2004. A hierarchical fingerprint matching method based on rotation invariant features[C]//Proceedings of International Conference on Biometric Recognition. Berlin, Heidelberg: Springer: 498-505.

ZHOU X G,CHEN J,JIANG J,et al,2004. Event-based incremental updating of spatio-temporal database[J]. Journal of Central South University of Technology,11(2):192-198.

ZHU Q,WU B,TIAN Y X,2007. Propagation strategies for stereo image matching based on the dynamic triangle constraint[J]. ISPRS Journal of Photogrammetry and Remote Sensing, 62 (4):295-308.